李国庆 / 著

漓江出版社

图书在版编目（CIP）数据

潮玩私想 / 李国庆著 . -- 桂林 : 漓江出版社，
2023.4

ISBN 978-7-5407-9402-6

Ⅰ . ①潮… Ⅱ . ①李… Ⅲ . ①玩具 Ⅳ . ① TS958

中国国家版本馆 CIP 数据核字 (2023) 第 045757 号

潮玩私想
CHAOWAN SIXIANG

作　　　者	李国庆
出 版 人	刘迪才
策 划 编 辑	杨　静
责 任 编 辑	杨　静
装 帧 设 计	杨　毅
责 任 监 印	黄菲菲

出 版 发 行　漓江出版社有限公司
社　　　址　广西桂林市南环路 22 号
邮　　　编　541002
发 行 电 话　010-85893190　0773-2583322
传　　　真　010-85890870-814　0773-2582200
邮 购 热 线　0773-2583322
电 子 信 箱　ljcbs@163.com
微 信 公 众 号　lijiangpress

印　　　制　北京中科印刷有限公司
开　　　本　710 mm×1000 mm　1/16
印　　　张　33
字　　　数　350 千字
版　　　次　2023 年 4 月第 1 版
印　　　次　2023 年 4 月第 1 次印刷
书　　　号　ISBN 978-7-5407-9402-6
定　　　价　238.00 元

作者序

"收藏作品的过程其实是在补拼图。"

——日本艺术家 奈良美智

玩具的事，就交给这一本书吧。

玩玩具

在过往

比较像是孩子做的事

不知何时

玩具变成了设计师公仔或是品牌商品

甚至是当代艺术品

然后

在世界各地的市场

包括中国

它们的身价与地位纷纷水涨船高

所以玩玩具的

忽然

变成了那些童心未泯的大人或生意人了

而那些赤子之心未了的大人里

有我

也有国庆兄

一本好书

可以在许多人中流传

流传的是观念与观点

还有市场概况与心得感想

当然

也有作者与相关受访人的所见所闻

而玩具世界

若我们已可以开始把它当作一门当代显学来看待

那理所当然地

也该有书可以深入讨论与分享

感谢有出版社愿意出这样一本书

让喜欢玩具的人

或对市场有心的人

都可以借由在这块市场里耕耘多年的国庆兄之生花妙笔

了解认识，甚至喜欢、爱、加入玩具的世界

未来

因为人心难测

所以我不敢说市场会如何变化

但我相信这一本书

将会成为中国玩具市场重要的指标与参考。

——黄子佼

这段开篇文字写于2008年，是中国台湾潮流教主黄子佼为《玩偶私囊》写的推荐序。

现在看来，这段文字依然非常适合，潮流在进化，又似乎在停滞。

2008年，我写了一本系统讲潮玩的书《玩偶私囊》。当时，所谓的设计师玩具、艺术家玩具、潮流玩具还是非常小众的收藏。那时候热衷于这类潮玩的人，通常是传媒人、公关人、广告人以及一些设计师。他们共同的特点是对于时尚、艺术有一定的敏感度，追求自我的生活态度。对于这个群体的早期玩家来说，他们更接近于真正的收藏家，因为兴趣而购买，因为了解而沉迷，偶尔也会通过QQ或线下渠道进行交流，进而推动潮玩文化的延续。

如果说这就是可以燎原的星星之火，那么现在的潮玩收藏，已经成了全球化的大热门，尤其是在中国，潮玩成了一种波普般的通俗流行。小学生就已经学会抽盲盒；至于年轻的上班族，心情好的时候抽一个盲盒，奖励自己，心情差的时候更要抽一个，安慰自己。

至于以前我们所热爱的设计师玩具、艺术家玩具、平台玩具，现在几乎都被"无法阻挡的商业潮流"统一成两个字：潮玩。大到KAWS的COMPANION，贵到奈良美智的梦游娃娃，俗到村上隆的KAIKAI & KIKI，小到59元一个的MOLLY盲盒，都被归类于潮玩。

看上去，当下的潮玩世界很自由，亦很平等，但真的只是一个叫法而已。在真正的收藏家心中，潮玩其实还是分了三六九等：因为喜欢艺术家或作品而入坑收藏的，因为流行而随便买几个装×的，想买了再放闲鱼去商业化炒作赚钱的……

小小潮玩，大千世界。

2016年，泡泡玛特正式转型闯入潮玩市场，以小小盲盒打天下，几年后成功在香港上市。当时披露出来的报表显示，其2019年的净利润是4.51亿元，两年利润增逾280倍，净利润率超两成，顿时引起资本市场的热议，更让很多玩家震惊，原来自己随手一抽的盲盒，背后是上亿元的商业运作。

于是，越来越多的人、品牌、资本开始关注潮玩，甚至想弯道超车，杀入这个看上去非常有"钱途"的行业。大概是因为这个原因，隔三岔五就有认识或不认识的朋友来iToyz拜访，想咨询一下究竟什么是潮玩，潮玩真的可以赚钱吗，如果他也要杀入这个市场该如何开始……

凡此种种，大家的问题都差不多。而我的答案，从今天开始，可能就是这一句："你去买这本《潮玩私想》来阅读吧。"读完了差不多就应该能明白其中乾坤，如果还没搞懂，大概你也不太适合这个看上去很浮躁又很有趣，与潮流、艺术勾肩搭背的花花商圈。

潮玩也好，艺术家玩具也罢，不过是一种名称而已。其真正的内核，却是所有收藏者内心的热爱、情怀、信仰。这也是我们愿意花几千、几万元坚持收集这些普通人觉得怪异，甚至不值分文的塑料的理由。

欢迎大家，从阅读《潮玩私想》开始，正式进入迷幻的潮玩圈层。

这本书的诞生，要感谢太多人：一直支持我的父亲、母亲，iToyz、玩家私囊的同事，《BEST TOY 玩偶私藏》的出品人范国平老师，所有接受我访问并提供文字与图片协助的朋友；策划人于轶群老师与漓江出版社杨静老师，正是他们对我一再拖稿的无限包容，才有了这本书的诞生；杨毅老师的设计给本书提供了非常完美的阅读体验；还有，默默地陪我加班打字的5只喵星人。

像潮玩一样，书籍出版也是一门遗憾的艺术。虽然希望打造出一本A to Z的全书，但书本的容量有限，加之潮玩生态的特殊性，今日流行的未必明日还会引领风骚，所以也遗漏了一些品牌、设计师与潮玩作品，例如threeA、豆芽社长、Sticky Monster Lab、愚者乐园、Coarse Toys、Groovision、ALLEY ART、六角彩子、David Horvath、CLOT、赤热、Momiji、Coolrain Studio、末匠、猿创作……

那么，就让我们期待下一本书吧。

李国庆

目录

第二章　**论**——**主理人访谈录**

第三章　典——A～Z 潮玩品牌速查　383

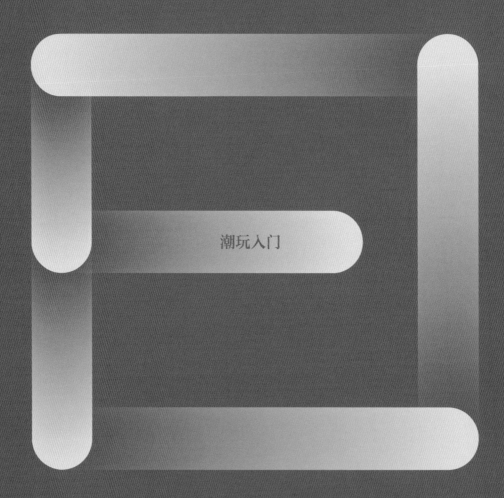

潮玩入门

第一章

曰——潮玩入门

如何进入潮玩之门，如何通过潮玩进行创业，如何把自己的爱好转化为商业？

很多玩家因为这样或那样的原因，一不小心就对潮玩有了兴趣，

可能是只想买买买，也可能是想借潮玩的风口来改变自己的工作、生活状态。

但是，潮玩江湖其实不像你所看到的那么呆萌、那么简单，

其中有很多必须要明白的经验。

我的第一个潮玩

我一点儿也不喜欢谈论艺术。

——美国艺术家 让-米切尔·巴斯奎特

　　先讲古，从我入圈开始吧。几乎每个来采访我的记者，都会问一个问题："你买的第一件潮玩是什么？"他们都觉得我热衷于购买玩具，一定是为了弥补儿时缺少玩具的遗憾。其实，真的不是。我从来不觉得对玩具的物欲与贪心是与生俱来的。毕竟我小时候除了喜欢看书，也只集过邮票而已，至于拥有的玩具，只有江苏无锡的泥塑小人——一个会摇头的县太爷。

　　大概是在2002年，我从《新周刊》辞职，去了《万家科学》杂志当主编。《万家科学》当时有大半内容是翻译英国杂志STUFF的内容。STUFF在英国的定位与FHM、GQ一样，是属于男性的时尚杂志，但内容会更偏向于数码极客产品。当时《万家

《科学》的读者年龄定位是18~35岁。所以，作为主编，我时刻提醒自己，需要保持一颗年轻的心，这样才能引领读者的趣味。

其间同事做了一个关于玩具的专题，涉及面很广，包括娃娃、铁皮玩具、高达等，其中有一章专门介绍了当时在香港颇为流行的Figure、搪胶玩具，也提到了Michael Lau的"Gardernergala"系列。这些设计清奇、颇有棱角、文身滑板、浑身"Hip-Hop"风格的街头少年形象，与其说是玩具，不如说它们呼应了当时的潮流文化——崇尚自由，个性表达，对传统与主流Say No。

这些不羁的气质顿时吸引了我非主流的视界。

于是，我开始满世界搜罗这些玩具，先从广州找起。别看广州离香港很近，广东也是很多潮玩的生产重地，但在当时却很难买到这类型的正版搪胶玩具。偶然在某商场的地下购物中心买到两个Gardernergala，后来发现都是老翻。这反而激起了我的斗志，让我开始真正踏上潮玩的收藏与推广之路。

我开始借出差或旅行的机会，去香港、日本等地探寻知名玩具店，并开始慢慢入

手。现在想起那段日子，真是捡漏的好时光，即使是KAWS的米其林轮胎人玩具，也只要几百元就可以买到。如果放到今天，可能已经有几十倍的升值空间。

因为喜欢，我在这条收藏路上走得越来越远。毕竟，内心始终有一个传媒人的理想，或者说是一种喜欢分享的基因，想把这个有趣的收藏分享给更多同道中人。于是，我开始在杂志写潮玩专栏，并经常在博客分享自己的收藏心得。

从最初的玩具介绍到设计师、艺术家的采访，从图文到视频，我的分享越来越具象。虽然我不是大网红，也没有很多粉丝，但是也有很多认识的或不认识的朋友、过客，因为好奇或热爱会浏览我的博客以及之后的微博、微信公众号、B站、抖音、视频号、小红书，停留一瞬或很长一段时间。他们可能是想获取一些新鲜的资讯，可能是想看看这个老男孩最近又买了啥，也可能是想偷窥一下我的隐私——网络时代的社交平台，令我在某一个奇妙的时间，恍惚成为安迪·沃霍尔所预言的"十五分钟名人"。

玩具这东西，即便你觉得是潮流，是艺术衍生品，是大人的高阶收藏，但在很多不了解它的人眼中，你就是因为它而在日光大道上迷失，走上了一条小径。其实，这个世界和谐而包容，花几百、几千甚至几万元去买一个塑料人偶的人真的很多。除了你我之外，还有你平时熟识的相对先锋的白领、中产、时尚人士、广告公司老板，甚至包括一些采访我的记者以及街头转角咖啡店的小妹。如果你还是觉得玩具很贵，那么不是玩具的定价有问题，你需要考虑一下是不是自己的钱包出了问题（此处应该有笑脸）。

在刚开始迷上潮玩收藏的时候，我不断被四面八方的询问或告诫触动情绪，一度对自己所倡导的潮玩生活方式产生怀疑。先是朋友在北京见到我，语重心长地说："看你的分享，你喜欢玩玩具啊，其实玩玩具是个不错的事，但像你这样走火入魔就有点儿……"他的意思很明确，我应该找点儿正经事来做，尽管我白天也在努力工作，但业余时间也不能因玩具而丧志！

各种理性的分析及忠告，像千万支冷箭射向我并不坚强的盔甲。幸好，我还喜欢阅读，可以在书本里寻求真相。曾经看过一个故事，有一个人悠然自得地在别人废弃的信箱里种豆子，隔三岔五地去看是否发芽。这样的生活绿色、健康，是非常诗意的栖息，就像米兰·昆德拉说的"慢"；可是在这个讲究速度的年代，并没有多少人可以认同——"慢"，它与收藏，都是一种浪漫的生活方式。

即使健康有趣的爱好，也不会/不需要得到所有人的掌声。

玩玩具，挺好。如果你也觉得来自别人的喝彩与掌声其实没那么重要，那么，让我们一起开始玩具之旅吧。

收藏是一种瘾

　　泡沫经济破裂之后，购买艺术品的行为在社会上不太招人喜欢，对吧？但是买下作品之后，我的看法也好，感受也好，都变得不一样了，能更接近艺术家的本质。

——日本艺术家　村上隆

　　"我刷，我刷，先消费，再还款，天天刷，累积分，我们天天刷，从不放过任何机会，直到——你焦虑、失眠、易怒，冲着孩子大喊大叫，甚至嫌微波炉的加热速度太慢；你经常和人吵架，无比渴望拥有某样东西，得到它后却感到空虚无比；东西太多了，家里像仓库一样拥挤不堪，你很多年都不敢请同事到家里来玩。"

　　最终，消除了我内心焦虑挣扎的是一本书——《流行性物欲症》。书中这段话，适用于每一位喜欢收藏的人。

　　这世界为物所困的人，其实有很多，只是我喜欢潮玩，别人可能是喜欢烟斗、雪茄、威士忌、邮票、古董、雕塑……

　　《流行性物欲症》绝对是为我等玩具迷、恋物癖度身而作；书里说到的现象、特征及细节，几乎每一条我都能够对得上号，对照了一下自己，觉得还是蛮有教育意义。

　　每周家里都会多出若干个塑料袋，每月固定去一两次香港买玩具，每天都要通过网络查看全世界新发售玩具的资讯，每周都要关注各种小程序等网络平台的潮玩拍卖。我还喜欢买书与杂志，迷上玩具收藏之后，多数的书只是草草翻一下便放回书架，《逃跑》之类的小说只能漫长而孤独地等待，最先翻看的永远是那些简单而商业的资讯或工具书，诸如《我，塑料》《非设计不生活》《艺术玩具的未来世界》此类。玩具慢慢占据了家里本来就紧张的空间，柜子越买越多，负债数百万元购买的商品房成了玩具仓库，客厅成了玩具店的货架；更可怕的是，拥有这些塑料玩意儿，就意味着我要成为负资产的卡奴，需要每天告诫自己好好工作、天天向上，要努力挣钱还贷，要为这些潮流玩具买单……

　　由此带来的还有时间焦虑，每天要工作，更要消费，强迫自己了解各种资讯，以减少上当受骗的概率，明显时间也因此不够支配。我白天要上班，晚上回家要整理玩

具，要给玩具拍照，要追踪新的玩具资讯，有时还要积极努力地回答网络平台上粉丝各种奇怪的咨询。

　　麦当娜说世界是物质的。所有这些，在我眼里变成了喜悦，生活一点都不骨感，反而很丰满。明星、网红们见到LV就迈不动腿，而我以及所有喜欢玩具的藏友，看到心仪的潮玩，感觉也一样。不能说这是心理不正常，只能说"太飘了"，好像不将它们买回家，就错过了世上最美妙的事物；而且内心明显有贪欲，买了一款绿色的，还想要买同款粉红色的，然后又琢磨再将原祖黑买回去。可怕的是，玩具品牌瞄准了我们粉丝的心理，居然推出18种限定色彩的同款玩具。还有最近流行的盲盒，也是掌握了玩家的心理，只有稀缺的才是好的；即使1/144的隐藏款设计得最丑，玩家也会乐此不疲地抽了一盒又一盒，甚至端盒、端箱都在所不惜。

为了说服自己这是成功有趣的消费，我们会不断地告诉自己：这是大师作品，这是限量版，这是隐藏版，这是地区限定版，这个玩具多可爱啊，看着心情就会美好一整天，而且将来肯定可以升值。入坑了潮玩圈的同学，比误入传销还可怕，努力用各种利好的理由来给自己洗脑，说服自己将辛勤劳动挣来的人民币或美元换成一堆好像并不环保的塑料玩具。

在没有掉入玩具陷阱之前，我与那些相信岁月静好的"小确幸"一样，从来没想到一款成本可能只有几十、几百元的塑料玩具可以卖到几千元，甚至几万、几十万元。要知道一两万可以买一部上好的iPhone了，说起来这些玩具任何技术含量都没有，没有芯片、没有软件、没有电路，分明是抢钱嘛。而且这个行业特别传统，从生产环节来说——也算是误打误撞，玩具在生产力落后的工厂由人工上色——反而成了某种"匠人"标签，由此可以炒得更贵。

入坑之后的我觉得潮玩的价格贵得理所当然，因为它背后有设计师的传奇，有艺术的魅力，有二级市场的保值传说，有黄牛党及推手的炒作。凡此种种，藏家的最高境界是：如果便宜，还不想买了。毕竟，我们是专业藏家，一定要收藏有分量的作品。于是，在这个以骄奢淫逸为耻的年代，我们就这样自得其乐地生活着。

诗人艾略特曾说："我们是空洞的人，我们是被塞满了的人。"如我这种热衷于恋物的人，其实并不在少数，只是大家迷恋的东西不同：有人喜欢钱，就拼命地工作、创业、炒股挣钱，然后往银行里存；有人喜欢红酒、威士忌，隔三岔五将家里变成酒窖私人俱乐部；有人喜欢普洱茶，买了一套房子专门存放大益普洱；有人喜欢音响，投资了2000万元，离心目中的HIFI标准还差一张ECM唱片……

在名人、明星的世界里，收藏已成为一种有品位的标志。潮玩这么火，当然也与他们有着剪不断理还乱的关系。现在潮玩圈一个主流的推广方式，就是把尚未发售的潮玩送给明星与网红，通过他们的微博、小红书、抖音等让大家种草。

马未都、王刚、张铁林都喜欢古董；张信哲收藏老奶奶的裹脚布、绣花鞋与旧家私；木村拓哉、藤原浩、余文乐、林俊杰都喜欢高桥吾郎的银饰；黄子佼喜欢潮牌及玩具；蔡康永喜欢字画类古董以及当代艺术品；周杰伦喜欢七十年代的太空式怀旧设计物，现在也开始收藏艺术品与潮流玩具；Beyonce & Jay-Z 带火了Hebru Brantley；Kanye West & Kim Kardashian与村上隆、KAWS等有着多次合作；

Pharrell Williams与Nigo一样，收藏了数件KAWS作品以及Keith Haring、 Daniel Arsham、村上隆等的作品，其收藏之多以至在2014年策划了名为"This Is Not A Toy"的概念玩具展，展出了700多件玩具及作品；还有很多明星喜欢BE@RBRICK。

对于我们这些收藏成瘾的人，心理治疗师有句评语："强烈的欲望像潮水一样冲击着他们。他们进入了一种恍惚状态，也就是上瘾性的快感，他们根本不在乎自己买的是什么。"

御宅族的长尾

所谓当代艺术，就是为了解人我之别，进而与人和平共处的媒介或工具。

—— 日本收藏家 宫津大辅

从2002到2022年，我的潮玩收藏历时长达20年，这放在历史长河里很短，但放在一个人的生命里，却已经足够漫长。

很多事情已经不再记得，但依然清晰的是对潮流搪胶玩具的热爱。我辗转于北京、上海、广州、香港、东京、伦敦等城市，案头上留下了长长一串玩具购买清单，包括美国艺术家Dalek的Space Monkeys、KAWS的储钱罐、MCA的越狱猩猩、Frank Kozik的抽烟兔、Gary Baseman的原型猫、澳大利亚艺术家Nathan Jurevicius的搓碟怪物，日本玩具品牌MEDICOM TOY的1000%、400%、100%BE@RBRICK，Ron English的麦胖、Daniel Arsham的米奇、Futura的外星生物、下田光的Lonely Hero and Obake、空山基的冲浪人、Kenny的MOLLY、龙家升的Labubu……

　　这些玩具，有些因为时间久远，玩具本身开始发黄，不再完美；有些兵人的身体与关节老化，皮革衣服开始脱落；有些艺术家的热度不如从前，也有些艺术家忽然大热，其产品成为有钱也抢不到的稀有品种。如果玩具也有生命，它们大概也会感慨：艺术如人生一般沉浮。

　　像很多收藏潮玩的玩家一样，我不知道已经买了多少玩具，也不知道买这些玩具花了多少钱，但肯定已经超过了七位数。不是无法计算，而是我不愿意被忽然跳出来的一串数字吓晕，破坏了人与玩具之间完美而温馨的亲密关系。我也不知道缘何疯狂如斯，也许是广东潮湿的空气中有太多忧郁的气息，于是希望通过消费这些塑料或搪胶的、不能行走不能说话不能飞翔的玩具来释放。

像我这样的人，以前在日本的文化体系里有个称谓叫御宅族，日语读音就是"otaku"，典型代表是日本电影《电车男》的男主人公。广义上来说，御宅族是一群只对一种特定事物有狂热追求、执着到对它的相关资料和讯息无所不知的人；狭义上，常指沉湎于电脑世界的年轻人，对动画、动漫及玩具有着浓郁的兴趣；更高级别的御宅族，甚至可能炒楼炒成房东，从消费者变成生产者、经营者。像村上隆就是以御宅文化的超扁平表达而成为当下很火的艺术家之一。早年很有名的艺术玩具品牌TOY2R的总裁Raymond Choy，便是一位从玩具收藏家转身成为经营玩具店，最后又成立了TOY2R的企业家。

从潮玩阵营来看，我入门的时候，中国式御宅族才露尖尖角。如我，就是由复古怀旧的黑胶派打入潮流的玩具界的，从此手上再无闲钱，信用卡时时刷爆，每天都濒临负资产的边缘——听上去很夸张，却是不争的事实。因为我所心仪的玩具不是"玩具反斗城"或者麦当劳套餐式儿童玩具，而是从1999年发迹于香港的潮流设计师玩具。

潮流玩具与我们童年时最爱的铁皮人、布公仔、泥塑、动漫等传统玩具最大的区别，并非材质或制作过程，而是设计师天马行空的创意提升了玩具的品位，并因艺术之名而带来无限的附加值。所以，与其说它们是玩具，不如说是奢侈品、艺术品、收藏品。钟情于此类玩具的人也通常都是有一定经济实力的成年人，他们的特点亦很明显，内心属于不愿长大的Kidult，徘徊在恋物与好奇之间，有特立独行的创意

STYLE，对于艺术、潮流、生活、时装、家居有着浓郁兴趣。按时尚杂志的方式命名，这类人应该比小资产阶级更中产一点，比波希米亚与布尔乔亚更潮流一点。而在当下，因为盲盒式潮玩的风行，最小的潮玩收藏族甚至已经辐射到小学生。

互联网的长尾游戏，瞬间把一个小众娱乐变成全民狂欢。在中国，有多少玩具御宅族？这是一个目前尚且无法回答的问题。

我在闲鱼闲逛时，发现一款约5万元人民币的1000%千秋BE@RBRICK，颇为心动，但价格也非常肉痛。我寻思良久，打算落拍付款时，却发现它已被上海的一位买家快手先拍，一夜之间，宝贝易手，留下孤独的我仰天长叹！

艺术圈的老手们信奉的夺宝圣经是，"钱可以再挣，画不能再画"。因此，我明白了潮玩收藏的一个真理："手快有，手慢无。"

我们这些潮玩玩家最早会通过QQ群，后来改用微信群分享潮玩信息。我有很多这样的玩具群组，群里也聚集了越来越多的玩具迷，他们分别来自香港、北京、上海、广州、成都、杭州等地。散落在中国民间的御宅族并非少数，早期，他们安静地待在北京、上海、杭州或厦门等都市的某一个角落，近似于隐居般地与玩具相伴，在自己的原有社会身份之外找到了新的身份标签——暗合了御宅族的另一个特征——在现实世界中人际关系薄弱、不擅表达感觉与情绪的一代。

玩具人的世界，隐含了一种藏于黑暗中的怪癖——即便原本被冠之以"电车男"之类的御宅族时髦身份，也依然改写不了玩具人内心世界的孤独。所谓御宅，自然是要甘于寂寞，独自一人在家里与自己的玩具结成伙伴，与一群不会言语、不会动，似乎只会聆听的塑料结成生死同盟，忍耐它们来抢占你原本狭小的地盘，蚕食你的荷包，还要经常半夜起床看网上拍卖的玩具是不是能够成功抢拍。姑且不论其间的柔肠百转、笑泪情仇、失落惊奇，单就遭遇这种事情便足以让他们崩溃——因为无良的炒家而花去成千上万的钞票，然后在玩具大萧条的时期还得忍受洗脚上岸的同好的嘲笑："哇，一屋子蟹货！"

在一些世间俗人的眼中，玩具迷不是疯子就是自闭症患者，或者离群索居的变态狂。很多人不明白，他们怎么就因为迷恋潮流玩具而甘心成为宅男。这就属于心理学范畴的问题了。

潮流玩具的火爆，满足了一部分人在儿童时代落下的所谓幼稚力的病根。对于玩具的严重饥渴，是因为当时玩具品种少，或经济原因，又或学业负担而对玩具的热爱往往无法得到满足；当自己工作之后，口袋里有了闲钱，可以随心所欲地弥补儿时的缺憾时，将玩具搬回家就是件顺理成章的事了。而据我分析的另一个缘故是，我们生活在这个网络极客时代，都市赋予我们太多的工作、生活压力，所以我们迫切需要寻找一些非现实的媒介来消解，而玩具则是最好的精神寄托之一。当然，潮玩更现实的意义在于它被贴上了艺术与潮流的标签，可以在抖音、朋友圈与小红书炫耀，可以保值，可以传

世——潮玩的保值升值功能，也使很多黄牛炒家加入了玩家行列。

麦当娜说，"我们生活在一个物质的世界，而我，是一个物质女孩"。也有一些人，在儿童时代对于玩具没有特别的迷恋，反倒是在成人之后开始着迷。可能是因为热爱某部动画电影，例如《星球大战》《玩具总动员》；因为某本漫画，例如井上三泰的《东京暴族》；因为某个设计师，例如美国迪士尼动画师Gary Baseman；因为第一眼的玩具缘，例如因MOLLY的嘟嘟嘴而坠入收藏的旋涡……

每一位热爱玩具的宅男都有自己的独特玩法和乐趣。有些人偏好收藏某一类玩具，最多人收藏的莫过于星球大战系列玩具——一个朋友不但疯狂收集星战玩具，还自制星战武士的衣服，并带上R2D2在广州拍摄了一部属于机器人的电影。而大眼小布Blythe的玩家，都喜欢帮小布设计她的衣服及发型、配饰，并在家里为她布置适合的场景；玩得更疯狂的，还要帮她植发、换皮肤、开嘴巴。这些帮小布改脸的壮士，动辄开出上万元的报价。玩家们会有一定的偏执，我在淘宝认识一个小布的玩家，她觉得我的小布还穿着原厂衣服，颇有些为小布不爽，说我不配做小布的"爸爸"，还说要从上海给我邮些小布的新衣服。还有一个朋友，热爱荷兰过来的米菲兔小白，她的爱好就是带着小白去世界各地旅游，并替小白在不同的场景留下"到此一游"的影像，类似于纽约艺术家Young Kim "西服万岁"般的表达。当然，还有一类玩具发烧友，类似我这种，属于半玩半读型，乐于研究每一款玩具背后的故事，包括设计师、同类作品，甚至每个玩具的涂装细节、出生年份等，全都想了如指掌。

相对于正常或理性世界的人来说，宅男们对于同一款玩具，各自有着不一样的认识。他们不仅看到了玩具本身，还看到了这个玩具背后的故事或潮流标识。而这些玩家基本都有固定的工作，在社会上有其他身份，诸如设计师、记者、工人或者公务员。他们的工作也许已经了无新鲜感，但玩玩具让他们进入了另一个瑰丽的世界。在玩具的世界，犹如游戏的虚拟空间，有同好，有共同交流的切口。于是，一个成年人在自己的原有社会身份之外找到了新的身份标签，这也是理解玩家心态的重要入口。

其实在国外，关于玩具的文化有着较长的历史，诸如国外就有人专门研究泰迪熊、芭比的社会意义；而在国内，很多人仍然在消费盗版玩具，对于玩具的热爱也仅仅停留在可爱、摆拍或廉价的初级阶段，离建立一个系统的玩具社会文化学体系尚有大段距离。但我相信，在新一轮潮流消费热潮的推动下，随着玩具市场及宅男群体的成熟，中国终将建立起属于自己的"潮流玩具文化"。

物欲症社团

收藏作品的话，收藏者就能参与作品的创作过程中。该怎么说呢，就像在艺术家的工作室里一样吧。所以，贵的作品其实不贵，因为它可是时光机啊！

——日本艺术家 村上隆

"晨光中起床，女孩慵懒的黑长发就像床边的The Girl with Cat，男孩共有253颗'豆腐人'扭蛋，皱起眉头就像Brothers Worker那么有男子气概；粉红BE@RBRICK可爱；穿Prada的Blythe优雅；心情不爽要看看C.I.BOY的模样；去忧、镇神、极甜——我的玩具情人，让我的生活更精彩！"

这是中国台湾《诚品好读》在《TOY LOVER 我的玩具情人》专题文章里的前言，作者试图用柔美的文字来描述玩具与现代人时刻相伴的感觉。虽然文章写于十多年前，可是这样的场景依然出现在玩家的生活中，只是C.I.BOY已经不再流行，改成MOLLY、Labubu可能更合适。

　　这么老了还玩公仔？！是童心未泯，想抓住青春的尾巴，还是因为把玩公仔已经成为一个超有型的潮流指标？生活很忧伤，除了鲜花，还有太多无奈，我们内心都渴望将工作、压力、爱情打包，按Enter键，然后将世事尘嚣一并发送到虚拟的潮玩空间，与那些无忧无虑快乐逍遥的公仔一起唱K、说话、生活。

　　一句话，我们需要被疗愈。大概这也是潮玩忽然会火的原因。在某种程度上，潮玩是具有治愈功能的陪伴：心情好的时候，奖励自己一个潮玩；心情不好的时候，也要奖励自己一个潮玩。关于消费，我们会有很多种方式来说服自己，为苦闷的生活解压。

　　把玩公仔，还可以上升到生活哲学境界。这是不是说服自己不顾一切，也要将辛苦挣回来的钞票换成一个个排列成队的公仔王国的最大理由？！

　　艺术，一定是因为艺术，我们才如此疯狂地收集潮流公仔。潮流公仔自然是艺术，而且还是至潮的"装置艺术"。在最近几年的苏富比拍卖行的当代艺术馆，你会看到占据主流的当代艺术是KAWS、奈良美智、村上隆的玩具，以及滑板等衍生品。

　　玩具本身是艺术，还可以衍生出更多的生活艺术。看看那些潮流杂志上的明星、潮人的家里或多或少都会摆着设计师公仔。很多玩家也喜欢将他们的玩具收藏布置成情境装置，或者携带至街头巷尾，寻景拍照，像早期的铁人公仔、B女娃娃等都曾举办过摄影展。

　　我们这样的玩家，说是宅男，其实同属于物欲症与拜物教的信徒。在《流行性物欲症》一书中的46道物欲症自我诊断测试题一定会让你感到恐慌：你是否把购物当成一种"治疗方式"？你是否更关心东西而不是人？你是否曾经为了购物到某地度假？你是否会拿自己的房子定期跟别人的做比较？你的信用卡是否透支？对你来说，一件产品的价格是否比它的质量更重要？每天工作完成后，你是否感到精疲力尽？

　　……

　　够了，上面只是其中的7道，也许你现在已经一一对号入座，开始恐慌自己也患上了这个所谓的流行性物欲症。但是，请暂且放心，在我们生活的小宇宙里，患上这种病的人并非少数，你的祖先、偶像、上司、邻居或者最心爱的人，可能都是你的同类，都隶属于一个名叫拜物教的社团。而且，你还可以确定自己不是拜物教里最疯狂的人。东京里原宿亿万少年Nigo，原潮流品牌BAPE的主脑，现在是HUMAN MADE主理人与KENZO创意总监。在他东京新地标的六本木的豪宅里，以前堆满了星战、ET、MILO、KAWS、设计师椅子等各种玩具及艺术家作品，甚至将超市里的洗衣粉堆成一堵墙，似乎有意将之打造成私人潮流拜物馆；这两年他又疯狂拍卖了很多自己以前的私藏——2019年的香港苏富比拍卖会上，其中一张KAWS的作品*THE KAWS ALBUM*以500万港元起拍，1亿港元落槌，加佣金以约1.16亿港元成交。疯狂吗？不，这就是艺术的价值。

波普艺术家安迪·沃霍尔，生前也有疯狂的恋物癖，收藏品仓库居然有六层楼，里面有331只各式劳力士手表，180张各式古董椅，439件油画作品，175个饼干盒……最后，沃霍尔的收藏品拍卖总价高达2530多万美元。

流行性拜物教或物欲症的历史应该比流行性感冒更悠久。唐玄宗迷恋牡丹花，楚成王嗜吃熊掌，齐桓公最喜欢紫色衣服，陆羽无茶不欢，米芾有"石癖"……读到这里，你一定开始好奇：缘何会有这么多人对于物质有着莫名的热爱？！引申为弗洛伊德式的表达则是"恋物美学"。章诒和在写京剧名伶马连良的《一阵风，留下了千古绝唱》中有段话似乎可以文艺地解构，"艺人生活的文化情感常与泡澡、品茶、神聊、遛弯儿、养鸽、烧酒、绸缎、鼻烟壶、檀香等小零碎拼凑起来"。

更通俗的解释：人天生是好物的，而且对于欲望的渴求永无止境。随着我们的财富聚集越来越多，生活与工作压力越来越大，网络等多种媒介与无处不在的广告给我们带来严重的资讯焦虑，追求区别于其他波希米亚或布尔乔亚身份特征的I STYLE，以及对于生命或未来的莫名恐惧，所有这些都在努力寻求突破的宣泄点。而恋物与购物可以令神经放松，如"请你抽雪茄"般带来一时的喜悦、兴奋与松弛。更哲学一点的分析，则如《恋物与好奇》一书所说，"对弗洛伊德而言，恋物之源的身体是母亲的身体，神秘而悠远。对马克思而言，拜物教的来源存在于作为价值的劳动力的抹除"。

大学里老师说，消费主义是疾病，你当时根本没想到自己有一天也要与之相伴。现在，你清楚地知道自己感染了一种名叫恋物癖的病毒，但你对它不会感到恐惧，因为它暂且不会给你带来任何明显的不适症状，不像电脑病毒令你感到头痛。虽然它已经令你背负上了"负资产"，使你的精神更加焦虑，无意中还助长了整个社会的物价飙升，甚至"全球变暖"也有你的一份"功劳"。

当然，它是可以根治的"富贵病"。如果你狠心剪掉所有的信用卡，去二手市场或者闲鱼、朋友圈处理掉所有的收藏，对自己实行严厉而残酷的经济封锁，领悟Lohas式生活，追求简单无印式生活，它就会悄无声息地自然消失，甚至都不会带走一片云彩。

可是，这种跳出红尘之外的禅味，是否又会令你产生生命如此单调的困惑？！有时候恋物是如此美丽，一如费内隆大主教所说，"一切王国的王冠摆在我脚下来交换我的图书，我也会把它们全部踢开"。

在这个消费无限纵欲的年代，人人都有恋物癖。如我购买玩具与男生喜欢劳力士、女生收集LV包没有本质区别，都是冲动消费的产物，隶属于"流行性物欲症"的一种。所谓恋物者的心态，其实与赌徒心态有异曲同工之处：有钱的时候想赌/买，没钱的时候更想赌/买；赢钱的时候想趁手气好再来几把，输钱的时候想反正都这样

了，不如破罐子破摔，说不定能翻本。买玩具也一样，有钱的时候买几样调节心情，

没钱的时候想着反正都穷成这样了，再买几样也没什么大不了。

　　但是，在网上购买这些玩具的时候及去玩具店的路上，我们都是很幸福的。对于

这个并不完美的世界来说，能够花钱买到幸福的感觉，非常棒。

潮玩兴衰史

如果是塑料，它就被叫作玩具；如果是铜，就变成了雕塑——我想用铜去唤起人们对塑料版本的相同感受。

——美国艺术家 KAWS

每个人心中都有一个玩具梦。

如我，生于七十年代，儿时的玩具无非是泥塑娃娃、折的纸燕、滚的钢圈、抽打的陀螺而已。长大之后，才知道玩具一途，玩海茫茫，有扭蛋、雕塑、景品、布娃娃、儿童玩具、电动模型、动漫周边、电影人物、12寸兵人……玩具的名目与形态多得令人眼晕，再后来又有了挟潮流以令"潮童"的搪胶公仔，也就是我所迷恋及本书探讨的重点。

　　所谓公仔，源于香港，是人偶类玩具的俗称，也可以翻译成英文"Figure"一词。如果追溯搪胶公仔的名字，其实可以发现有很多似是而非的名字，诸如本书所说的潮玩，亦可以视作它的另一个名字；其他的还有很多类似的称呼——设计师玩具、Art Toys、原创玩具、奢侈品玩具、惊喜玩具。如果非要在其中发现它们的共同点，就是它们其实都采用廉价的搪胶或树脂为塑形原料，售价却又超贵；而且其购买对象也与传统玩具消费者有着很大区别，搪胶公仔的目标客户针对的是有闲钱、喜欢艺术、热爱街头生活原型、不想长大的当下潮流人士。所以，这类玩具的外盒上通常会印着一行英文"This is not a toy"，或者"本产品仅适用于15岁及以上人士"。

　　于是，玩具界忽然就多出了一个全新的分类——潮流社团团员们最爱的搪胶玩具——远离了传统以幼稚或者功能为主的玩具方向，转而向增值与潮流、艺术方向靠拢，与T恤、滑板、波鞋、车夫帽等共同构成了一个全新的潮流文化圈。有香港社会学观察者称这类玩具是"创意工业"，有了这种非常切合时代脉搏的"创意"包装，想不火都难。

　　新搪胶时代的启幕，普遍的说法是源于香港，更准确的说法是与Michael Lau有关。本质上搪胶玩具并不是什么新鲜的发明，我们小时候可以放在澡盆里玩的扁嘴鸭其实就是正宗的搪胶制品。在1999年以前，搪胶玩具是个相对廉价、俗气的代名词。1999年，当时的日本玩具不景气，美国玩具也拿不上桌面，所以给了中国香港玩具产业一个机会——在广告公司上班的Michael Lau，在香港艺术中心举办了"Michael

Lau Exhibition Ⅲ Crazysmiles", Michael Lau将他的系列作品Gardener中的一个街头风格的Tattoo制作成6寸的搪胶, 引爆了全球, 并衍生出一个全新的潮玩品类。同一年, 香港设计师Eric So亦发布了24个时装李小龙活动人形……搪胶玩具华丽翻身, 在香港乃至全球都掀起了一股搪胶人偶的潮流。从此, 以星星之火可以燎原之势, 新的创意玩具工业从香港起步, 生生不息地在全球无国界蔓延!

那个年代的香港原创玩具震惊全球, 因为其流行与香港本土的原创Hip-Hop文化有关, 所以外国人也称此类玩具是Hong Kong vinyl或Hong Kong urban vinyl。接下来的香港, 典型的是相煎太急, 因为涌现出一大批创作同类搪胶玩偶的设计师, 有名的包括铁人兄弟、Eric So、Simon Wong、Jason Siu等, 做的人多了, 问题亦多了。此后的香港搪胶玩具就进入了一个怪圈, 有点儿像是港产电影, 钱好赚、受欢迎, 大家就都抢着进入这个市场, 全然不顾这个市场的承受能力, 也不管质量的好坏, 隔三岔五就会推出一款搪胶玩具——造型相似, 了无新意, 互相内卷, 为了限量而限量, 除了炒作还是炒作, 最后成了一堆"蟹货"。结果是, 这个行业从流行变成平庸, 应景的玩具杂志也是创办一本倒一本, 当时最具人气的杂志——Milk的玩具刊Playground一再缩水, 很多玩具设计师常年待业或者开始转行。与此同时, 在欧美风头日劲的设计师玩具在香港市场亦不断萎缩, 甚至很少有店铺愿意经营, 与一些欧美城市、中国台湾市场的红红火火大相径庭。幸好当时还有TOY2R、RED MAGIC、HOTTOYS、3A、HOW2WORK等日益成熟的品牌越走越远, 通过QEE、CI Boys、12寸兵人、奈良美智公仔等将潮流玩具推上了新的台阶。犹记TOY2R总裁Raymond早年接受我采访时说："1999年，香港很多人、很多品牌做玩具，但现在很多都不见了，一年做一两只公仔。Michael Lau的主要客户是耐克，Eric So没有好的品牌推动，TOY2R是唯一匀速发展的，因为我对商业考虑很重视。" 一语成谶，随着全球金融危机，TOY2R也慢慢淡出，开始减少原创玩具的推出，主打IP授权。

接下来的搪胶故事就很全球化了。

香港起动，全球接力，一段时间后，就像日系街头杂志宣扬的那样："STREET FIGURE已经成为潮流界或玩具界的重要势力。"从Michael Lau开始，逐步形成了全球潮流江湖尽"玩具"的大气候，并在搪胶玩具的基础上，衍生出更多的形态，包括当时红极一时的平台（画布）玩具，在欧美人气日增的设计师玩具或艺术家玩具。而在无处不玩偶的日本，在KUBRICK与扭蛋之外，又衍生出所谓的STREET FIGURE。各大强势街牌纷纷推出自己的公仔，借鉴了里原宿潮流服饰运作经验，将扭蛋、贵价、预订、跨界、联名、限量、排队、炒作等纯商业化运作手法全盘移植到公仔身上，这些公仔顿时成了潮人们排队争抢的对象。尤其是里原系的BOUNTY HUNTER、BAPE、OriginaFake（KAWS与MEDICOM TOY合作的品牌，现已结业），STUSSY等，都曾推出热卖公仔，而KAWS、PETE FOWLER、DevilRobots等则都是当年跨界合作名单上的常客。

从表象来看，搪胶玩具虽然在日本与欧美都相当流行，但深入核心会发现它们之间依然有着区别，不仅仅是亚洲趣味与欧美气质的差异。日本从来就是一个动漫的国度，走在东京的每条街巷，可能每间小店里、每件制品上都有着卡通形象，加上日本漫画、TV、潮流等非常强势，由此衍生出的人偶造型亦非常普遍，因此在日本其实是没有所谓设计师玩具这种说法的。相反，这种情况在美国较少出现。就像当年上海美术电影制片厂的《大闹天宫》启发了日本动画电影宗师手冢治虫的《阿童木》，进而日本动画电影的故事、娱乐性又影响并冲击了欧美动画电影。玩具界的故事也有

着同样的生物链。有了中国香港模式的启发之后，日本又衍生出平台潮流玩具BR@
RBRICK，逐步开启了全球玩具界的一场狂欢盛宴。接下来在2001年的美国，大家在
这种新的搪胶玩具面前完全丧失了自我，觉得在这些充满艺术家个人特质的玩具面
前，心灵受到了波普艺术的洗礼，如同格莱美音乐、奥斯卡电影、米其林大餐。而美
国艺术家的加盟，使搪胶玩具正式成为无国界艺术，并掀起了全球化运作的新浪潮。

酷玩

所有艺术品都是玩具，所有玩具都是艺术品。

——中国香港潮玩教父 Michael Lau

潮玩与其他时尚一样，是某种轮回。从中国香港开始，潮玩在日本、欧美市场的推动下成为全球大热流行，又因为金融危机，整个市场陷入困境。然后，因为中国内地市场的启动，开始新一轮的复兴。

所谓潮玩，始终是很酷的一种流行。香港潮玩教父Michael Lau在接受采访时说："如果不酷，还谈什么潮流和街头。"同样的话术："如果不酷，还谈什么潮玩。"

玩具在成人世界流行，除了很酷以及艺术属性的原因之外，还因为它的炒作及销售模式。

早年，日本新晋玩具之王MEDICOM TOY最早发迹于南青山，与BAPE、MASTERMIND

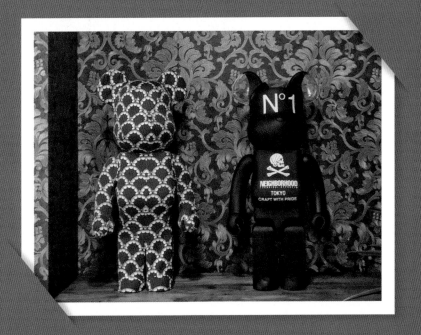

JAPAN、XLARGE、耐克等潮流品牌轮番合作的限量版BE@RBRICK，让玩具迷抢到手软。虽然被人称为像麦当劳大叔一般泛滥成灾，但借助各种合作与巡展，其旗下的BE@RBRICK进入2022年还非常火爆，甚至因为中国市场的启动而成了新的流行。差不多同一时间的TOY2R也不甘示弱，与阿迪达斯、星巴克、斯沃奇、索尼、茶里王等合作推出的QEE公仔，同样成了媒体的话题之作……如是运作成功地突破了玩家的心理防线，使玩具成了潮流文化的"浮夸"标识之一，更将玩具变成了可以增值的收藏品。

限量发售模式与神秘的扭蛋式包装方式，还令玩具收藏有了特别的情感属性。香港社会文化观察家汤祯兆在《整形日本》里谈到香港的Otaku圣地旺角，有一段话同样可以归纳玩具寻宝的乐趣："如果不是行内人，一定不会明白表面上平平无奇的商品有何价值，但一旦大家为同道中人，自然会有高手过招立即知道有没有斤两的趣味。换句话说，那寻宝购物的历程，也是一次身份和能力的检阅示范。"

潮玩流行之下，潮店、玩具品牌、有名或无名的艺术家都开始寻找机会制作小批量的限量版玩具。这些玩具通常都在中国广东的玩具厂生产，原本平面的艺术作品，在这里被制作成立体的3D雕塑，每只玩具可能限量20只、200只或2000只……为了保证潮玩的增值效应，通常售完即止，不会再追加同款；即便想复刻捞上一笔，亦会换个颜色，或对局部图案进行微调，或推出不同地区或跨界限定。所谓物以稀为贵，就意味着全世界只有几十个或几百个人拥有相同的潮玩。于是，抢破头在网上高价竞拍就成了玩家心中永远挥之不去的痛。

对于潮流玩具来说，正好在兴起的同样很酷的网络技术与文化，亦是这股风潮兴盛不可或缺的重要推手。"技术正在将大规模市场转化成无数的利基市场"，这是时髦的《长尾理论》所要诠释的丰饶经济学。当我们文化中的供需瓶颈开始消失，所有产品都能被人获得时，"长尾效应"便会自然发生。Web所鼓吹的全球化，在eBay、雅虎、淘宝、闲鱼等拍卖网的推动下，真正使这个世界变平，将"长尾效应"推到了巅峰。在没有网络之前，类似于潮流玩具这种小众商品，只能通过有限的传统店铺销售，很难到达目标人群手中。而有了雅虎、亚马逊、淘宝、闲鱼及其他拍卖平台之后，全球的玩家都可以获得平等的机会。而粥少僧多的多人竞拍，使潮玩价格飙升，使玩具不再是玩具，而是像邮票、金币、油画等一样成为可以保值的艺术品，如是的滚雪球效应吸引了更多人参与进来。随着网络拍卖的出现，很多玩具首先会为网络卖家所囤积，放到网上以炒价售卖，从中赚取利润。像我，既可以是玩具收藏家，也可以是朋友圈、闲鱼、亚马逊的玩具卖家，远在国外的玩家也可以与我发生交易，将那套他所喜欢的"玩具总动员"KUBRICK买回去——网络使终端销售有了更多的通路，尽管这些玩具是限量发售，但因为互联网使其有可能出现在你我身边。这恰恰暗合了长尾理论。

在全球日益讲究环保、乐活的今天，潮玩虽然很酷（且它的优势在于便宜，易于保存，又可以多重塑形，制造出各种形态的漂亮东西），但塑料材质本身对环境并不友好。所以，玩具品牌与设计师应该尽量推出值得存留的玩具，而不是为了赚钱就胡乱狂推新品，滥出大同小异的作品，随便换个配色或者只是改动一下嘴唇，便又变出一款新品。这样做不仅不环保，还会对品牌本身的长足发展带来伤害。例如，之前很红的美国艺术家Frank Kozik曾与各大品牌合作推出形形色色的动物抽烟玩具，但很多造型都无创新，最后连我这样的铁粉见到新作也要斟酌再三才愿意入手。另一个例子可能就是DevilRobots的"豆腐亲子"，出了数百款的KUBRICK，想让人持续收藏确实是件很难的事。而BE@RBRICK的持续流行大概是个例外。

对于收藏家来说，在盲盒之外，应该尽量入手真心喜欢的玩具，而不是见玩具就收，全然不顾是垃圾还是典藏。这是因为市场在不断扩大，一款玩具甚至能生产出过万只，对于玩家来说，保值效应近乎为零，逐步远离了潮玩的内核，在向大众的普通玩具靠拢。这样的风气蔓延下去，对于未来的潮流玩具市场来说，都是一个巨大的伤害。

是的，玩具是艺术，但同时也是商业，是商业就要按照商业化的规则来运作。搪胶玩具的盛衰史，在我笔下只是几行字，其实远非这般简单。玩具产业既然被称为创意工业，那它就必然如其他产业一般有其特定性，无论盛衰都有迹可循。

成功，需要天时地利人和：好的市场土壤——一个好的企划案——新鲜的原创设计——诱人的玩具背景或故事——便宜、质优、有经验的内地工厂生产——有增值、限量、跨界、名设计师、知名品牌等炒作话题——注重生产品质——Instagram、公众号、微博、朋友圈、小红书种草——全球化的网络或实体分销网络——借助黄牛在二级市场抬高价格——媒体的跟进报道——设计师签名、全球巡展的推广⋯⋯

环环相扣，不论其中哪一环出了问题，都足以使整个"酷"项目失败，沦为平庸。

BOX：搪胶

搪胶，英文名 vinyl，是将热熔成液态的胶料，注入一个开发好的模具，在胶料尚未完

全硬化时，从模具中拿出，再进行冷却。模具的成本高昂，后期的上色和包装成本亦都不低。

如果制作成其他材质的玩具，成本将更高。例如树脂，其单个成本会比搪胶玩具的高，但是

可以控制数量；所以在市场不太好或者设计师新人测试市场时，会先推出少量的树脂玩具。

玩具可以拿来炒

我的画廊经营村上隆先生和奈良美智先生的作品，10年前一幅30万日元的画作，现在拍卖会上动辄数千万日元，等于是10年前价格的100倍了。艺术市场真的异于一般市场。

——日本画廊主 小山登美夫

艺术界的专家说，艺术有三重价值：保持或增加商业价值的可能性，志同道合者的社群，观赏作品本身的私人享受。

第一重就是商业价值，对于收藏者来说，单纯为了收藏，不要求升值的人应该是不存在的。

早年，一个朋友在线上说，最近楼市不景气，股票、基金也起伏不定，想转入艺术品投资，你认识有投资潜力的画家吗？我的答案是，画家认识得不多，而且早年中国艺术品市场也存在拍

卖行与庄家人为炒热的虚火，亦会有崩盘之忧。毕竟，中国还没有安迪·沃霍尔这样的波普之王。

转而向她推荐，如果没有特别巨额的现钞，又打算做长线，不如转去买些潮流玩具来投资吧。

玩具？还用来投资？网络上无法看到她的表情，她也许以为自己又听到了一个类似于Google通过下水道和马桶向顾客提供免费高速无线上网服务的愚人节玩笑，尽管我当时说得很真诚。毕竟，当时还是若干年前的潮玩元祖时期。

无论你是职场精英、中产阶级，还是投机分子，只要对潮流文化与当代艺术有着敏锐触觉，又热衷于收藏一些国际大牌潮流设计师的作品，同时你希望重金买回来的东西，即便不能像牛市之年的基金那般狂涨，但也绝不能像三个月淘汰一批的数码产品，窝在家中沦为塑料垃圾，那么收藏潮流艺术玩具一定不会让你失望，前提是你的眼光够好。

当然，我说的玩具不是普通的儿童玩具，而是与艺术家或潮流界勾肩搭背的潮流玩具或艺术玩具。它与传统的卡通玩具、布偶玩具、儿童玩具有着本质的区别。仅仅从可玩性角度来看，艺术家玩具的可玩性甚至不如麦当劳免费赠送的儿童套餐玩具，其制作材料也是一般的搪胶或PVC；但所有这些与艺术家的头衔及作品相比，几乎可以忽略不计。想想，有谁会在乎张大千的荷花是画在什么纸上？又有谁在乎NFT只是一个JPG文件！

炒股我们都重视企业业绩，炒玩具当然也要看业绩：早年，TOY2R总裁Raymond带着亲自设计的32寸大只QEE，参加了香港苏富比拍卖会，最后以不菲的价格成交，开启了潮流玩具晋身艺术殿堂的大门。

在2007年底，也有捷报飞传：日本艺术家奈良美智与香港HOW2WORK限量生产300只的"Sleepless Night Sitting（不眠夜娃娃）"植绒10寸玩偶，原价盛惠7000多港元，大约一星期便销售一空，进而在巴黎苏富比拍卖会上更拍出了9850欧元的好价钱，差不多是12万港元，一年不到的时间，升值了十多倍。而现在回看，这个玩具在拍卖行最高飙到60万元，当年惊掉的下巴，现在又变回了正常。

还有更厉害的高人，超扁平的村上隆与LV合作而成为全球时尚风尚标。依然是早年，他在成为路人皆知的潮流艺术家之前，推出的美少女Miss Ko2原型——在纽约佳

士得拍卖行居然以56.75万美元成交——看上去只是一般的美少女Figure，居然比那

些艺术大家的作品还贵。

　　如果你是潮流人士，自然知道KAWS曾经在南青山开店，推出一款又一款解剖版

KAWS DISSECTED COMPANION，其后又推出更多潮流别注玩具，几乎件件抢手，

开卖数日后便在网上出现高达数倍的炒价；而4FT的COMPANION，时下的拍卖价格

已经接近百万元……这种热闹的景

象，一直延续到当下，很会玩的

KAWS不但涉足玩转现实与虚拟的

VR，还曾经在上海余德耀美术馆有

个大展；他的"KAWS：HOLIDAY"

更是以充气的方式，在户外巡回展

玩遍全球，其中一站是长白山，推出了白色的大COMPANION抱着小COMPANION，

背靠雪山树林，量贩版几乎瞬间售罄。

　　全球最贵的杂志不是真正的纸本杂志，而是美国的*Visionaire*，它居然分两期（第

44、45期）推出了四组共20只玩具，携手LV、阿玛尼、古驰等顶尖时装品牌设计师及玩

具公司KIDROBOT联合推出玩具，以精美的烤漆来做外表处理，底部有顶级设计师的

亲笔签名，官网报价就超过1.6万元人民币，而成套玩具在拍卖网早已被炒成了天价，

甚至网上都看不到有全套出售。

　　……

自1999年至今，每一年都有这样的新闻出现，给了很多藏家一剂暗中得意的兴奋剂——原来自己买来的玩具，不仅可以证明自己的美学品位，还有升值空间。而现在这样的新闻，仿佛成了一种常态。当下的画廊、拍卖行，无论是苏富比还是佳士得，在拍卖当代艺术品的时候，没有几个潮玩似乎就上不了台面。简单来说，现在不仅仅是艺术家玩具，连一个59元的隐藏版盲盒，都可以炒到数千元之多。

原来，一款塑料玩具也可以这么贵。你也许会说，凭什么一个不会行走、不会跳舞、不会微笑的塑料公仔，论成本百元以下，居然能卖出个天价来——成百上千不算，还能在eBay、闲鱼炒出个数十万元的天价，比起LV、古驰等奢侈品来都毫不含糊。

这其中当然有秘密。就像法国作家泰奥菲尔·戈蒂耶所说："东西一变得有用，就失去了美。事情大多如此。"如果你是古董或书画收藏者，当然会知道一幅名家书画，同样不能动、不会跳舞，但一样极具收藏价值，因为它是艺术品。从另一个角度来看，新一波的艺术家玩具，每一款都可以看作一件独立的艺术作品或玩具雕塑；不同的是，它还需要经过工厂制作、全球限量发售的过程，有点儿像是安迪·沃霍尔的波普复制艺术史。

好玩、有趣、工业化、艺术再生——潮玩可以如此解读，一切都很酷。早年，QEE、DUNNY、BE@RBRICK等平台玩具的诞生，更应验了玩具其实就是一块画布、一种媒介的艺术理论。*IdN*杂志说："玩具平台化的概念让无限量的艺术家甚至消费

者，能在一个基本模型上设计出拥有自己特色的玩具，这是玩具制造商有力的工具。玩具平台化不但激发出艺术家的想象力，将平时创作的2D作品转为3D的形象，而且使玩具制造商有机会接触平时领域之外的艺术家。"所以，更有人为之寻根，将玩具与次世代文化结合在一起，称之为潮流的另一类出口。

"与其说是玩具，不如说是艺术品来得更为贴切。"玩具设计师Kozik、KAWS等人也如此评价坊间热捧的设计师玩具。同样的话，台湾版GQ也说了，在一个艺术品投资的专题报道里，GQ专门开辟出一个玩具版块，将玩具与红酒、名表、书画并列，还洋洋洒洒地著文称"公仔不再是玩具，而是艺术品"。

　　KAWS等全球走红的艺术家努力投身于这场新的潮流玩具的革命大潮，更长的一串艺术家名单还包括美国的Daniel Arsham、Gary Baseman、Futura、Tim Biskup、MCA、Dalek、Kozik，日本的村上隆、奈良美智、TOUM，英国的James Jarvis、Pete Fowler，意大利的Tokidoki，西班牙的Jaime Hayon，澳大利亚的Nathan Jurevicius、Ashley Wood，中国香港的Michael Lau、铁人兄弟……如果你熟悉艺术界，一定会因为这串长长的、令人惊叹不已的名字而震撼。他们假借街牌BOUNTY HUNTER 、BAPE或玩具商MEDICOM TOY、MINDstyle、HOW2WORK等之手，跨界合作新一波的设计师、艺术家玩具，而且通常都是限量生产。

　　究竟是什么样的原因令他们乐此不疲地参与其中？利益驱动大概还在其次，更重要的是艺术家找到了一个全新的艺术作品表达平台，以及利用了Crossover等潮流商品的行销手法，使之逐步向普罗大众延伸……所以，台湾玩具达人黄子佼在《玩·玩具》里说：“艺术家的公仔，其实是一尊尊的当代艺术品，或是异术品。它们就像毕加索或凡·高的画，或是当代一时之间没人感觉它们的重要与经典，但等百年之后，它们的价值会水涨船高（其实很多老玩具的价格已经翻了数倍）；或是它们当年所传递的当代气氛之呈现与反映出来的形体，都将成为后世借以回望此刻的道具。”

　　潮玩界的前辈Raymond Choy说过：“买我们玩具的人是高收入的，有生活品位的，我们的玩具是ART TOY，是艺术玩具。ART代表永远可以留下来的——艺术在我们心目中是高高在上的，艺术很贵，但我们希望尽可能地以相对便宜的价格将ART

带给普罗大众，带给玩具。"的确，即便是被拍卖到60余万元的"Sleepless Night Sitting（不眠夜娃娃）"，在艺术品收藏领域，亦只是一个入门的价格，更何况一般的、价格徘徊在千元以下的潮流玩具。

虽然就像小山登美夫所说："在二次销售市场中所产生的利益差额，其实是属于转卖作品的卖家。村上隆的作品以1亿日元成交，村上隆和我都不会获得半毛钱，所得全部归属卖家。不过，二次价格提升后，原始价格也会随之提升，艺术家和画廊可因此获得间接利益。"

显然，这些贵价玩具是卖给成年人的，贵价决定了它的市场。可是，成年人玩玩具的意义是什么？怀旧、颓丧、艺术、收藏，还是长不大的Kidult？我觉得应该是兼而有之（具体前文已有详述）。但如果谈到收藏，保值与升值也是必须考量的一个因素，同时，一定要知道一个原则，就是坚决不买盗版玩具！

如果你真的喜欢潮流玩具，那么还是买正版比较靠谱，就像你收藏古董，也只有正版才能保证你的藏品能够升值。当然，保持潮玩一定的升值空间，自然还需要你做足功课，有一定的眼光，诸如挑准有升值潜力的设计师，而且通常都是一些Size比较大、发

行量比较少、价格在千元以上的公仔容易升值。因为舍得花上千元买一块塑料回去的通常都是专业收藏家，只要喜欢，钱就全然不在话下啦！

盛世玩收藏。中国经济连年腾飞，玩收藏的人亦越来越多，虽然不至于14亿人都在收藏，但据官方的说法，已经达到了上亿的各种品类收藏者，他们可能收藏古董、火花、邮票等不同种类。

早年，我在《玩偶私囊》一书中有个预判："即使只有100万人进入潮流玩具收藏领域，亦将是个惊人的数字、夸张的市场。"现在来看，我太保守了，随着泡泡玛特、TOP TOY、X11等有上市公司背景的公司进入潮玩行业，现在进入潮玩收藏的人数已经过了千万级别。据中国社会科学院发布的《2021中国潮流玩具市场发展报告》报道，2015～2020年我国潮玩产业复合年增长率高达36%，预计2022年市场规模将达478亿元，产业正进入高速发展阶段。

所以，像炒基金一般炒玩具，绝对不是愚人节的玩笑。既然收藏字画、邮票、老家具，甚至黑胶唱片都可以是大热投资项目，那么艺术家玩具当然也可以。

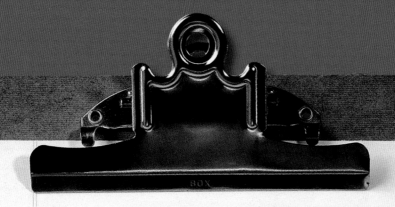

BOX：曾经流行的全球六大平台玩具

以前，有一种潮玩叫平台玩具，现在硕果仅存、仍旧独领风骚的只有 BE@
RBRICK，其他几个不是变成了 IP 授权，就是风头不再，甚至陆续退出了潮玩市场。简
单来说，它们没有熬过冬天。

BE@RBRICK：日本 MEDICOM TOY 版泰迪熊，将泰迪熊与乐高积木融合在一起，
塑造出全新的玩具类别，结合熊与旗下积木人仔的英文单词，BEAR+KUBRICK=BE@
RBRICK ，分别有 50%、70%、100%、400%、1000% 等不同尺寸。

QEE：从香港诞生的平台玩具，率先与欧美艺术家合作，更创造了素体玩具的概念，
推广"人人都可以是艺术家"的无国界平台玩具体验，曾在欧美有着极为重要的影响。

DUNNY：美国玩具公司 KIDROBOT 生产，原来是 QEE 的经销商，之后自己开发
兔仔 DUNNY，广邀美国及世界艺术家创作，成为新晋之重要平台玩具。后来几经兴衰，
随着创始人的出走，风头不再。

TEDDY TROOPS：adFunture 出品，TEDDY TROOPS 是德国慕尼黑的街头
艺术家 Flying Fortress 的代表造型，这个头戴钢盔的小熊已成为街头潮流代表；Flying
Fortress 声称他用这些泰迪熊大军表达自己的反战立场；现在已不再推出新品。

Trexi：新加坡出产，其驼背与大肚腩外形都深受 QEE 的影响，借助中英文玩具杂志
PlayTimes 迅速蹿红；最著名的合作是与可口可乐合作，联合全球数位艺术家推出多款联
名 Trexi；现在已经不复存在。

Ci Boys：香港 Red Magic 出品，成立于 2000 年；2002 年 Ci Boys 面世之初，
在玩具背后塑造了适应城市人的情绪表达，非常红火，经过几年的发展，在国内大受欢迎；
后因经营不善，人气下滑，现在也退出了主流市场。

玩具创业经

我们在雕塑作品中使用了大量的技术。那些大件的木雕，你还有印象吗？虽然是木制的，它们却是从十到十五英寸的小模型开始的，它们被数字化处理后，再用电脑数控（CNC）机器制作出来，和3D打印差不多。所以有一些新的科技在创作过程中发挥作用，即使我不会在作品中进行强调。我希望人们只是观看这件雕塑，去思考那究竟是什么。

——美国艺术家 KAWS

每个玩具藏家都会有一个博物馆的理想。

每个玩具设计师都会有一个输出自己玩具产品的梦想。

我以前的理想，其实是开间玩具店，现在又想整个玩具博物馆。持同样想法的，还有知名主持人黄子佼，以前他也想搞个小型的玩具博物馆，目前未果。Raymond Choy开始收藏玩具，后来就在香港开了玩具店，再后来就自己创造玩具，从此世间多了一个名叫TOY2R的玩具品牌。与许多艺术家一样，澳大利亚艺术家Ashley Wood当年与Threezero合作成立3A，是想把他的画作人物立体化。Kenny从铁人兄弟单飞后，

最大的梦想是让MOLLY成为更多人的心头好。

　　学而优则仕，玩而优呢？不知道其他玩具迷的理想是什么？自从MOLLY与潮玩行业火了之后，相信有很多人都想与Kenny一样，创意设计属于自己品牌的玩具。事实也是这样，最近几年国内新增的大大小小玩具品牌超过数百个，大到几百人的工厂，小到一两个人的工作室。当然，即便你不想成为玩具设计师，但对于一个玩具收藏家来说，了解玩具创作、生产背后的故事，肯定也是件有益于收藏的好事。

　　潮玩这几年在国内很火，大家觉得很新鲜，以为是个新生事物，其实放眼全球，它早已流行了很久，坊间也有各种关于创作、设计、生产上的经验。Strangeco的创立者Jim Crawford在*IdN*上撰文："我们都知道制作完成一个好的公仔是一件辛苦且有趣的事，包括需要有创造精神及海外制造、专门技术、耐心解决问题的能力。"

　　没错，玩具看起来很萌，也没有什么高科技，但制作的过程却很考究。Jim Crawford的这四项专业建议说起来很简单，但实际上一款玩具从设计到诞生的过程中会遇到很多快乐与烦恼。

053

姑且让我来解读一下。"创造精神"，当然是指玩具的造型、图案、设计，必须要有独特的创新意义。对于潮玩或艺术玩具来说，这点尤其重要，是产品成功与平庸界线的关键所在，也是玩具收藏家买不买账的重要因素。纵览今日中国的玩具市场，最多的是毫无主见的懒惰设计，甚至开始重复生产技术含量较低的传统玩具。很多在走模仿路线，萌流行我就萌，嘟嘴流行我就嘟嘴，大胡子流行我就大胡子，或者是把几种流行进行一个非常违和的拼贴。这就涉及定位问题。就是我们试图创作的这组玩具，是想简单跑量挣钱，还是想表达自己的设计与情感；是走大规模量化生产的，还是走小众匠人的手作线路，以艺术价值及完美工艺来取胜。Jim Crawford 说的"海外制造"，其实基本指的就是中国制造。虽然近年来很多中国玩具企业受到金融危机、国际贸易壁垒还有人民币升值等因素的影响，但依然存在着数千家玩具企业，员工数十万人甚至更多。对于中国的玩具设计师来说，这也是优势所在。当然，找到生产厂家不是问题，但如何找到合适又靠谱的厂家却是个问题。毕竟这两年潮玩火爆，很多工厂对于出单数量较少的限量版缺乏热情，更喜欢生产量大、质量要求低的盲盒。

至于"专门技术"，其实主要是工厂需要解决的问题。对设计师来说，这意味着要从设计开始就考虑生产上将会遇到的困难，要在尽可能省钱又确保质量的基础上以更好的技术来生产。至于"解决问题"，则是放之四海皆准的大道理，随时解决在生产过程中会遇到的很多琐碎问题。小到与工厂的沟通，大到工艺上出了问题，如产品的某个细节不到位，还包括如何找到合适的厂家，如何挑选环保又优质的原材料，如何监控生产质量，如何设计包装盒，使之在橱窗里更醒目，更多地延伸表达玩具主题，如何在玩具上面喷涂、植毛，如何生产异形玩具，如何防止盗版，如何保证版权资料及所谓的散货（不合格）产品不外泄，如何找到流量密码并宣发出售。

从理论回归实践，具体到设计师玩具的生产流程，只有设计师自己最清楚。因为设计Scarygirl而被玩具收藏家喜爱的Nathan，以前在接受我们访问时曾简单介绍他的玩具创作流程："都是从纸和笔开始。我会根据脑子里预先构想好的故事，或者我想重点突出的Scarygirl世界的某个部分，在纸上先画出草图。每个公仔都必须经过这些过程：画草图——做模型——修改——做色版——再修改——做包装——再修改。当中最困难的部分应该是如何与做模型的技师沟通，让他能够将我所想要的东西准确无误地做出来。"

我还咨询过一个国内潮玩设计师："通常，一款玩具从设计到正式销售，其间需要经过怎样的流程，花费多少时间？"他的答案是："其实做一款玩具流程挺多，先在纸上或PC上画好一个造型的前面、后面、侧面的设计彩图——用油泥雕塑成实体模型——把手脚拆件复制出多个透空模具——注入液化材质充满模具内部——复制出来的散件再组装成一个完整的——给模型上颜色（这里还要做一个喷油模）——测检——包装。以上每一个环节都有需要修改的可能，可想而知，做一个玩具的样板要花多少工夫和时间。我们的玩具上色比其他玩具的层次渐变效果多，所以花的时间也更长，从设计到正式出货要用大半年时间。"

这与早年IdN杂志讲述Tokidoki的公仔"MOZZARELLA"的生产工序如出一辙：最早是画三视图，这也是所有玩具设计的第一步，精细地描绘产品正面、背面、侧面的细节，完成后交给专门工厂的雕塑师，将2D的纸上蓝图转化成初步的

3D人偶造型——一个塑胶土塑或模型泥塑，这个固体塑胶人像虽没有可动的连接关节，但却意味着一系列成品模型的翻制初步完成；接下来要运用一个制作技巧旋转成型或旋转铸模，在一个人偶的金属凹模内局部地倒入熔化的塑胶，然后在高速的离心力作用下，熔融的塑胶均匀地附着在模型上，制造出中空的凸模，待冷却后上色，包装成公仔玩具。

当然，现在有了3D打印技术，将平面立体化变得更加简单了，可以直接3D打印，省略掉雕塑原型的过程，简化流程，提高从创意到生产的速度。像iToyz推出的"Happy欢"公仔，就是由我提供思路，委托设计师X2R实现创作平面原型，做好3D图，打印出初代模型，再找工厂等比放大开钢模，进行量化生产。

再来看看玩具工厂的制作流程。我曾经请教过深圳某玩具工厂的设计师，他曾经帮MEDICOM TOY等多家公司生产玩具，他给我提供了关于工厂玩具制作流程的十条要义：

1. 接到手办和附带资料后开始报价，如果客人接受方可开始做板。

2. 首先开模，也有些模具是已有的了，像BE@RBRICK这类平台玩具的机本身都是相同的，模具早已开发出来。

3. 调试啤色，对样板调试机本身的颜色。

4. 颜色对好后，开始制作玩具的配件。

5. 玩具图案上色（喷油+移印），又分为喷油调色和移印调色（一般是对照国际标准PANTONE调试颜色）。

6. 颜色调好后开始喷油上色，对色对板；然后是移印上色，对色对板。

7. 上色完成后，将每个配件组装起来。

8. 按客人要求，做吸塑和彩盒，包装起来就完成了。

9. 寄给客人看样板确认。

10. 给客人确认或修改过后，方可开始量产。

他最后还补充了一句："看上去是不是很简单呢？但做起来相当有难度。为什么呢？就以移印来说，图案的位置和大小拼接的准确度要做得相当准确，这就相当不容易。"

看完了流程，我们再来看看一款玩具从平面到3D打印大概要经过多少时间。Raymond也曾给我提供了更多的补遗："这个有快有慢，工厂做打样，不是一个人做，可能是二十人至二百人，有时可能是外面的师傅在做模板。从平面图到第一只公仔的样板大概要三个礼拜，看完样板以后再修改需要两三个礼拜，最快看到样品要四到八个礼拜。两个月左右，这只是一只公仔从样板到样品的时间；而一个系列可能是十六只，接下来还要改色，还有其他很多部分，跟我们合作很久的工厂会快些，有些新工厂就更慢。"

再以"Happy欢"公仔为例，我们开模具花了一个多月，正式量产又是两三个月。所以，正常情况下，一款玩具从进工厂到大量出货可能需要半年时间。

一款潮玩，设计再拉风，如果生产工艺不达标，或者选择的材料不够档次，都不能算是完美。早年玩具初代，胶料都比较差，我曾经买过美国设计师玩具Muttpop，买回来后发现用材非常差，有很臭的胶味。因此，我曾就材料选择的问题咨询过业内人士，答案是这可能用的是再生材料。

关于质量监控，Raymond有很多建议值得我们参考："我最怕有质量不合格的玩具将这个行业弄垮，没有好的设计，没有好的质量，又卖得很贵。消费者花几百几千元，拿到手一看质量差，心都凉了。从创业第一天起，我就特别注重质量，质量是最基本的，材料要用最好的，油墨要用最好的，工厂要用最好的——我们不用普通做玩具的工厂，他们习惯做大量生产，大量就意味着品质马马虎虎，而我们是精品概念。"

　　一款既酷又潮的玩具，从诞生起，就凝聚了若干智慧与复杂的工艺流程。创意、技术、分销固然重要，但更重要的是，做玩具其实与做人一样，要做就要做到最好，任何马虎与闪失都有可能导致项目的失败。这是所有立志做玩具的创作者都必须谨记的信条。

ART TOY 手作示范

如果你是一个手工玩具匠人，从设计草图到成品，都不想依赖工厂或者别的途径，那么下面这组从概念图到成品的流程，可以帮你节省时间。在此感谢 WildPro 工作室提供全程图片。

注：图中的 Miss Weather 金苹果，系 iToyz 独家限定。

图 1. 设计概念图

图 2. 雕刻作品的原型

图 3. 初步雕刻完成的作品，开始制作硅胶模具

图 4. 硅胶模具

图 5. 使用模具制作树脂作品

图 6. 仔细打磨树脂作品

图 7. 涂装

图 8. 成品

把玩具卖个好价钱

为什么艺术作品可以高价卖出？为什么艺术家会受到尊崇？理由很简单，因为伟大的艺术是超越领域，并且会引起思想革命的。

——日本艺术家 村上隆

如果你是一个灵活就业的设计师，或者是一个工作室的主理人，或者是潮玩工厂兼潮玩品牌的老板，可能会被自媒体上不断刷新的潮玩增长数据洗脑，觉得这个行业不但满足了自己的情怀，而且可以躺着挣钱。

但理想很丰满，现实很骨感。进入这个行业，你会发现内卷越来越厉害。以前，环顾四周，你发现没有竞争对手，唯一的对手可能是你自己，你需要解决的问题，就是如何满足自己，吸引玩家；现在，你面对的竞争对手已经多到无法盘点，而且可能是巨兽级别，像泡泡玛特、名创优品等上市公司。如果你无法从一众对手中脱颖而出，那你面前只有三条路：坚持、放弃，或者被收购。

后面两条路相对简单，一了百了。但是会不会有人愿意收购，就另当别论了，毕竟投资的风口切换很快。如果选择坚持，当然有希望成功，但是背后的付出可能会让你陷入焦灼。

首先，如何定位自己的品牌，你想输出的潮玩IP角色，是动物还是人物——通常在经过市场调查后会选择动物，因为市场上的主流就是动物比人物角色更受欢迎。如果是动物，那到底是熊猫、柴犬、喵星人、恐龙还是其他。然后，你要定位玩家受众，男生还是女生、年龄跨度、职业特征及定价体系。在设计风格上还有无数个疑问需要解答，偏男性、女性还是中性、眼睛、嘴型、身材比例，卡通、动

漫、写实、暗黑还是国风。玩具的大小设定，是盲盒、吊卡还是大只手办，材质选用PVC、搪胶还是树脂，限量多少只，在哪些渠道进行售卖，在潮玩面市前还要抢先进行版权登记。如果你对生产一窍不通，那么你要找到3D建模师或者原模师。这还不是最难的，最难的是要找到合适的工厂，开模具、生产、上色、包装等。一个玩具能不能成功，设计固然重要，但质量也是非常重要的一环。所以，后期你可能要在工厂住一段时间，进行日常的QC，发现问题并及时解决，而不是等所有产品生产出来以后，再发现问题，那时可能为时已晚。要知道，对你来说，潮玩是自己的心血、自己的孩子；但是对工厂来说，潮玩再可爱、再限量、再贵价也只是流水线上的一个普通产品，与学校拐角小卖部几毛钱、几元钱的翻版玩具没有什么不一样。你觉得在工厂QC很麻烦，但其实已经算幸运了，毕竟你已经找到了愿意帮助你生产的工厂。前几年，因为潮玩市场不景气，加上有些海外订单转移到越南等地生产，国内玩具工厂倒闭的不在少数，能够有单接已经很开心；所以即使你量再少，工厂也愿意接单，甚至非常配合你麻烦的修改建议。现在不一样了，因为盲盒成为潮流，工厂对于限量几十、几百的玩具订单，已经不屑于接单；即使接单，配合度也不会太好，甚至迟迟交不出货。所以，经常有一些单飞的设计师或者小型工作室，因为找不到工厂接单而陷入困境，最夸张的是，几个创作者想合股开办小型的玩具工厂。

除了把以上的问题全部解决之外，如何把潮玩卖出去其实也是一门学问。老话说，酒香不怕巷子深，但现在无论是推广、造势还是销售，都是主打网络平台，显

然这样的自我麻醉不合时宜，而且潮玩不是酒，压根不会有香味传出。大型的潮玩品牌，像泡泡玛特等，有着自己相对固定的直营店、机器人商店及小程序；最麻烦的是小型设计师或潮玩工作室，对他们来说打通销路从来不是件容易的事。如果说潮玩从灵感出现到变成实物，已经经历了九九八十一难，那么接下来的营销之路其实更难。因为潮玩行业扛着"潮"之名，总觉得自己的玩具很厉害、很先锋、很流行，所以压根就没想着要跟一些普通的

渠道合作。即使合作也没有什么折扣——大概正是因为这种恶性循环，除了泡泡玛特、TOPTOY等大型的连锁店之外，其余线下能够生存的玩具店非常少。所以，小型设计师或潮玩工作室主要是跑各种线下的展会——全国各地大大小小的展会，其实也挺不容易，因为要负担来回路费、住宿费、场地费。如果不是大红的IP，很有可能要亏本，只能当成一次巡回展览。如果遇到疫情之年，展会还可能无法进行。

营销二字，包括了广告与销售。一般的设计师与工作室，擅长的可能是设计以及对于玩具本身的把握，如何推广与销售对于他们来说完全是盲点。聪明点的，去请专业的人或专业的机构干专业的事；但是，为了节省费用，很多通常都是选择自己硬上，结果不言而喻，十有八九陷入平庸，广告没人看，私域流量池也没有搭建成功。

其实，潮玩比别的行业推广更难：一方面是内卷严重，同质化产品越来越多；另一方面，潮流行业的运作方式也与传统行业不一样。炒作是潮玩能够迅速走红或者出圈的基本套路，刚开始还只是比较传统的方式，像喜茶、奈雪一样，在线下的潮玩展雇人排队或者每日发售几十只，营造即将售罄的饥饿氛围，再在圈子里或闲鱼上以飙高价的方式吸引粉丝。后来，发展到线上营销，通过有奖关注微信、转发公众号或者加群的方式，扩大广告辐射范围，毕竟玩家之间的联系很多，很容易在同一时间看到不少人的朋友圈在转发某款新玩具的资讯。与此同时，小红书、B站、视频号、抖音、Instagram等平台一个也不能落下，发图文、短视频建立种草资源，搭建起自己的私域流量，再推出全新的限量版，在淘宝店发售，或者是直播秒抢、微信群掉落、限时不限量等方式出货，辅之以得物、闲鱼及黄牛微商的高价转卖，瞬时炒出热度，成为新晋热门IP。

凡此种种，不一而足，各种营销炒作手法也是层出不穷。但是，一切还需要借助在IP过硬的基础上，如果IP本身不稳，即使炒出高度，吸引了一拨粉丝，很快还是会从天堂坠入凡间。把自己的玩具卖个好价钱，是好事，但是一定要走正道。

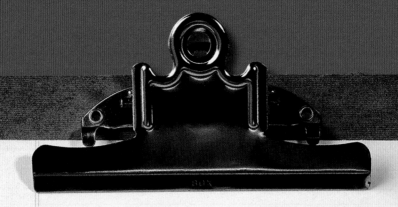

BOX：玩具小知识

Action Figure： 可动人形公仔，比例较大，一般为 12 寸，手脚可动，包装内附有丰富的配件。

手办： Garage Kit（简称 GK），是指没有大量生产的模型套件。因为产量很少且开模的复杂程度和难度都极高，价格一般都很贵。因为树脂材料的特性，适合表现细致的细节和人物。大部分手办都是半成品白模，像模型一样需要自己动手加工上色，而且制作难度远大于一般模型。现在，很多大只玩具亦被称为手办。

扭蛋： 以球形的蛋壳封装投入扭蛋机中，投币扭出的小玩具。一般是以数枚一套的方式推出，采取盒装随机抽取的方式发售。因随机抽取无法预知，所以极有收集与交换的乐趣。

食玩： 食品玩具。在糖果的包装盒内放入可供收集的玩具。源起于日本元老级的 GK 模型厂商海洋堂与糖果公司 Furuta 的合作。因为这些玩具限时限量，所以多具有收藏价值。其实大多数人只为玩具而来，所以衍生出只有玩具的"盒玩"。

Vinyl： 本来是制作玩具的材料乙烯基，一种空心的软胶材质，现在已经变成潮流玩具的代名词。不做精致的细节表现，以上色和整体造型取胜，成本较低，不易摔坏，也不易掉色，非常适合把玩。

中国式玩家

收藏的精髓在于：当遇见一种新的创意或尝试时，是否能够全然相信自己去支持这些作品的那份直觉。

——日本收藏家　宫津大辅

玩具创业者很累，花钱的玩家不仅不是上帝，而且还很苦。

以前，收藏潮玩的族群不多，我们通常会在QQ群里聊天，经常会探讨的一个问题是，何时才能够全球同步地在中国内地买到国外品牌或设计师的玩具，更多被提及的当然是中国本土潮玩何时才能够真正崛起！

说是"同步"，其实包含了玩具迷的多重渴望——价格同步、时间同步、购买便捷度同步。当年，潮玩在中国是完全不同步的，除了TOY2R有一段时间在国内有正式的代理专门店

之外，其他包括KIDROBOT、MEDICOM等欧美、日系潮玩品牌虽然在国内已有一定的拥趸，但都是一些少量的游兵散勇式网络水货，并无正式的代理机构。这真是一个奇怪的循环，虽然当时的数据说全球有80%以上的玩具在中国生产，且根据我所买的过千只潮玩来看，近乎99%都是Made in China，但是在中国基本买不到。这个其实也不难理解，就像iPhone在深圳生产，运到美国后，再通过水货等渠道重新回到中国销售。潮玩的现状与之相似，虽然都是在中国生产，但最终会运到国外……所以，当时若想在国内买到设计师与艺术家类潮玩，又不想去广州一德路买那些所谓的散货或盗版的话，只能花费不菲的路费去香港。当时KIDROBOT在香港亦很少有售卖点，与日本动漫玩具相比，其实设计师玩具在香港从来都不算特别流行，所以我们只能上网竞购炒货，连环效应是价格一路飙升！

于是，中国内地的玩具藏家一度是全球最痛苦的玩家。从经济收入角度来看，国内的平均收入指数低于国外，但入手潮玩的价格却高过国外，而且还常常是有钱买不到心头好，这份煎熬非玩家不能体会。

由此带来的是恶性循环，潮流玩具品牌因为没有在中国内地进行正式售卖，所以也不会有相关宣传，导致潮玩始终只是活跃在一小撮关注全球时尚潮流的先锋人群中。而购买渠道不畅导致越来越贵的价格，也让很多玩家望而止步。

是不是中国本土的潮玩市场真的如此不堪？！我从来都不认可此种观点，继七十年代生人成为社会消费主力之后，八十年代、九十年代生人又接过了消费主力的角色，加之早年*Milk*、《1626》、*TECHMAG*等潮流杂志在内地的正式启动，如我等玩具迷在网络上的互动，使潮流类消费正在高速上升——说白了，问题的根源并不是中国内地的消费能力不够，LV、阿玛尼等豪华奢侈品早已将中国当成全球最重要的消费市场。潮玩虽贵，但相比LV这等奢侈品来说，依然算是相对廉价的爱好。

当时潮玩市场的不景气，是由于市场尚处于启蒙阶段，还没有专门的机构、品牌或媒体有意识地引导这种潮流，一切的喧嚣或落寞都只是如我一般的小众玩家的自我陶醉。但我始终相信星星之火可以燎原，中国市场已经在多个领域扮演着全球最重要

的角色之一,潮玩市场没有理由会一直甘于平淡。潮玩市场开启的元年、TOY2R的十年市场运行轨迹,恰恰也应验了我的判断:"最早是在中国香港,然后去到美国、欧洲,现在又跑回中国香港与内地市场。"

我早年的预言很快得到验证,全球的潮玩市场在经历了一轮金融危机之后,陷入了持续的低谷,时间长达三五年之久,有些品牌开始消失,有些品牌还在苦苦坚持,以每年推出一两款玩具的方式证明自己还活着。

随着国内经济的强势崛起,"90后"一代成为市场消费的主力,潮玩市场在中国开始火爆,启动的时间节点应该是泡泡玛特正式转型进入潮玩市场。2016年4月,泡泡玛特与香港Kennyswork Company Limited成功就MOLLY品牌形象达成战略合作,成为该形象的全球重要战略合作伙伴。又在同年6月,正式入驻天猫商城,泡泡玛特天猫旗舰店的开设标志着公司正式开启线上业务,其后又推出了无人值守的机器人商店,又在北京与上海推出了BTS、STS线下潮玩展。2020年更以千亿市值在香港上市,彻底引爆了潮玩市场。其间陆续又有X11、TOPTOY等上市公司抢入潮玩领域。

在风口上,猪都可以起飞。现在的中国潮玩玩家独领风骚,入手潮玩的机会很多，但这又催生出很多新问题，比如大家陷入了疯狂的内卷与炒作，被打着私域流量旗号的各种营销方式搞得晕头转向。

因为玩家数量日益庞大，所以很多限量版玩具被炒作到天价。我们参加玩具展，会看到提前一天就有人排长队，只为了买到人气潮玩，长长的队伍中还会发生冲突，黄牛与普通玩家直面碰撞。毕竟，潮玩的升值空间很大，热门玩具转手可能会有几倍的盈利空间，这种颇具想象力的炒作空间，吸引了更多人进入潮玩市场。所以，很多人觉得黄牛扰乱了市场，但从另一个角度看，黄牛可以被看作一剂市场的兴奋剂，加速推动了潮玩行业的发展。不可否认，黄牛本身可能也是收藏者，主动或被动成了玩家，主动是因为自己看着也喜欢，被动可能是本以为抢到可以大赚一笔，不料最后砸在手上，降价都无人问津。后来，又衍生出"粉牛"一族，指的是既是玩家粉丝又是黄牛，靠"爱豆"赚钱，简称"粉牛"。如果你还不明白，可以类比电视剧《庆余年》里的范思辙，他对哥哥范闲是真喜欢，也真喜欢催他写书卖钱，这种人就叫"粉牛"。

还有一种说法，人人皆牛。如果你的玩具你不喜欢了，可以通过闲鱼等平台转让，高价、平价或低价出掉，其行为也是一种"牛"。因为玩的人多，其中又有很多人是黄牛，数千个玩家抢几百个玩具，真爱粉玩家自然会痛苦。以我为例，现在很多喜欢的玩具都不可能平价买到，除非我愿意付高出几倍的价钱，甚至之前iToyz代理并引入国内市场的玩具，我都没办法继续收藏。

对于真爱玩家来说，如果不愿意以高价入手，只能去闲鱼捡漏，入手限时不限量的玩具，或者去玩具展自己排队，或者加入各种会员、各种微信群，参加小程序抽奖、微信转发集赞，等待捡漏——因为私域流量的兴起，一些小型潮玩工作室已经不再需要代理分销，每有新品，直接在微信群里发售，或者通过公众号转发，花样繁多令人目眩。常常会有人吐槽："是梁静茹给你的勇气吗？一个刚刚推出来长得奇怪的所谓潮玩，本来就没人想买，还学网红产品，给买家限定了各种奇葩条件。"

没错，这也可以看作营销方法的一种，增加入手困难，让玩家觉得这个很抢手，过了这个村就没有这个店。线下茶饮店擅用排队的方法来吸引人气，同样的方式还被熟练运用在玩具展现场，有些玩具品牌会雇人排队，或者在网上标高价，慢慢把人气炒热。如果你经常刷小红书，会看到粉丝们公认最熟谙炒作之道的应该是"寻找独角兽"，哪怕是盲盒，旗下的Farmer Bob男友系列都很难买，而且不断会有很高的溢价，炒完Bob再炒Rico……

所以，对于玩家来说，有时候想买到自己喜欢的潮流玩具，其难度之高与中福利彩票差不多。

BOX：15 年前，我问了台湾

潮流教父黄子佼几个问题

1. 您收藏的玩具平常会如何存放，是放在盒中储着，还是会将它们拿出来摆着并经常把玩？

黄：有两种玩家，一种是完全不拆包装，或者是买两个，一个拆一个不拆。我是一定拆的，也没有刻意去保养。灰尘这东西无法避免的，尽量保持家里干净就好了。公仔也不一定要保持干净，很多事是无法避免的。例如，我家有一对KAWS 的 TWINS 公仔，前一阵回家发现它歪了，天气太热令胶都熔了，这比灰尘还难控制。所以，我的心态是随缘吧。

2. 潮流界新的风气是玩具设计与商业品牌 crossover，你怎样看待这种商业操作模式？

黄：我曾开了两年的玩具店，一直在搞 crossover，毕竟团结力量大。我非常赞成这种模式，企业加入，可以让设计师吃饱一点，喝足一点。其实我们认识的很多设计师都很穷，举例来讲，随便一个公仔，限量五十个，就算一个赚五百元好了，能赚多少钱呢？商业的加入，譬如说日本人拿 Eric So 的公仔去拍汽车广告，可以让他们赚到一些钱。还有台湾一家公司与香港的 QEE 合作，他们合作了很多商业品牌，包括 SONY、BENQ、三菱等，这都可以让玩具公司有更多的机会扩大市场和影响力。所以，我本身是非常赞成这种模式的。

3. 如果玩具也有精神，你觉得是什么？

黄：一是创意呈现，即创作者的巧思；二是我们童心未泯的回忆；三是收藏的价值。于公于私，都是蛮好的东西。如果有一天我破产了，可能变卖那些公仔都可以卖个好价钱。

4. 通常遇到心仪的玩具，你会只买一个，还是会多储几套？

黄：我只买一个，不会像收藏家那样包得紧紧的，一定打开来把玩，绝不会同一个公仔买两个，宁愿把钱拿去买另一个公仔。公仔博物馆应该是我的一个梦想，因为每当回家的时候，你终究还是独乐乐。我的心态是独乐乐不如众乐乐，不然我不会写八万字的书。这八万字是我自己的心得，我可以不给大家知道的。希望有朝一日把我的收藏——衣服、玩具、海报等与更多人分享，一起感受它们的乐趣。

5. 对潮流品牌及潮流玩具刚开始感兴趣的读者，你有什么经验可以分享？

黄：其实还是多吸收讯息，多看潮流杂志。最重要的是，不要一开始就花大钱，要多去比较。资讯很重要，有了知识之后就可以去对抗盗版，做判断。你会发现世界很大，有很多创意在里面，这个领域终究是有趣的、好玩的。它不会让你真的破产，而会让你真的很快乐。

6. 推荐一些玩具比较集中的地方？

黄：香港的兆万中心是玩具集中地，基本上该有的品牌、玩具店、老字号、连锁店的总店都在那里。再有就是通过网络，非常方便，根本不用逛街。

本土潮玩原动

外国人说，如果不是日本人出钱的话，凡·高的《向日葵》也就值现在三分之一的价钱。在拍卖行，只要一见到日本人，大家就会哄抬价格，把价钱顶得很高。这已经是一个常识了。

——日本艺术家　草间弥生

潮玩能不能成为一种流行，除了初步的知识普及，更重要的还有国民收入要同步增长，如此能够支撑起这个市场。当下的潮玩市场，借用草间弥生对日本艺术市场的说法："只要一见到中国人，大家就会哄抬价格，把价钱顶得很高。这已经是一个常识了。"

在泡泡玛特等独角兽公司进入潮玩领域之前，因为玩家稀缺，潮玩市场在国内长期处于萌芽期，来自中国本土的原创力量并不强劲。虽然民间有很多设计师看好这个市场，或者说有兴趣涉足潮玩领域，但因为资金、销售、质量、市场等不到位，理想与现实之间始终有着较大落差。

回看昨天，中国本土的潮玩市场，经历了十多年的培养期，其间有了很多品牌与

机构、粉丝的合力，才有了今天本土潮玩市场的爆发式兴起。

　　早在2006年，潮流设计师玩具及平台玩具就已经在中国悄然发力。可口可乐联手新加坡创作单位Trexi在国内推出了大头圆禧公仔。而MEDICOM TOY与百事可乐春节前在国内推出了限量版BE@RBRICK手机挂件，2007年更推出了一套五款的100% BE@RBRICK换购。而另一个辐射全球的潮流玩具品牌adFunture也在2006年落户上海，大张旗鼓地发售了首个中国内地设计师设计的平台玩具"I，WZL"，就是那个传说中的大王公仔；还在旗下的平台玩具BUKA里推出一组中国设计师系列，也曾声势浩大地在中国推出了平台玩具设计师选拔大赛。来自香港的TOY2R亦于2006年年底率先在北京与广州分别设立了专门店，之后在沈阳、上海开设了新的专门店，出售它的QEE等艺术家玩具，而北京专门店选址在繁华的东方新天地，喻示着TOY2R玩具的奢侈品属性。

NIKE也联手潮玩教父Michael Lau在北京706工厂举办了名为"MR.SHOE MUSEUM（SAMPLE）"的展览，全速推动NIKE Air Force I 25周年的庆祝活动，而Michael Lau更在现场介绍此次活动的主角玩偶MR.SHOE。

还应该提及一件潮流界盛事，可能很多人压根不知道，即便放在今时今日，这样的企划依然是非常厉害——2007年10月，北京的798时态艺术空间，李宁搞了一场"say no to limits"超级艺术展览，请来了不同国家在潮流玩具界响当当的人物，包括Colette的Kuntel + Deyhas、KAWS、Mr. A、James Jarvis、Delta、Hidekichi Shigemoto及Phunk Studio，这些全球顶尖的潮流与街头艺术家集体出现在北京，引

得潮流杂志争相报道，间接地推动了玩具艺术在中国走向高潮！

其后，HOTTOYS的钢铁侠兵人以及A胖的3A玩具已经在圈内悄然流行，最轰动的莫过于2010年"3A Threezero X Ashley Wood Beijing Shows"的北京聚会，不但A胖亲临现场，而且Kenny也带来了他的超大只鱼童MOLLY；但当时MOLLY的粉丝光环还不够耀眼，完全是3A玩具的主场。时至今日，当初的"北京聚会"会场限定

玩具已经涨了很多倍，而且更珍贵的是玩家齐聚一堂的记忆；当时，有朋友从广州、上海去北京，我也请北京的朋友帮我排队入手了一只单鼻——每只玩具背后都有故事，这也是潮玩收藏的乐趣。2010年，国内本土品牌909TOY还推出了蛋核机械人偶，先后在北京、上海举行了"重机派对"巡展，蛋核化身平台玩具，邀请了全世界30位业内人气大师参展，包括美国人气玩具设计师Erick Scarecrow、日本话题人物Michihiro Matsuoka、北京的Cacooa熊猫、末那——没错，就是当下签了很多日本艺术家在潮玩界很红的末那。iToyz作为909TOY的协力单位，也有幸一起见证其成长，与有荣焉。

潮流玩具在中国市场的启动，得益于很多人的努力，无论是出于商业行为还是

艺术理想，他们都贡献了推动中国潮玩成长非常重要的力量。如我，一直在坚持写作

分享，更引入了MINDstyle、HOW2WORK、Kennyswork、IXDOLL妹头等诸多品牌。

如MINDstyle创始人MD，为了解决潮玩最基本的品质链条，最早将公司的全球总部设

在东莞。如TOY2R总裁Raymond Choy，不但先后在内地设立了多家专门店，还推出

了中国设计师系列QEE；并在我的提案下，联合《万家科学》推出中国首款杂志联名

合作款QEE，配合杂志推出数位国外玩具设计师、艺

术家的专访；更在2008年初，将Bart Simpsons DIY辛

普森世界巡回展的最后一站落定广州，让中国的潮玩

玩家可以在自家门前一次性看到超过160件不同国家

设计师／国际公司／名人展出的Bart Simpson作品；

最令人兴奋的是，在现场发售全球限量60只的会场版

MCA黑白 "熊猫" 时，安排美国设计师MCA到场签

名，绝对是国内玩具界开天辟地的大事件。

……

凡此种种，不一而足。

罗马不是一天建成的。现在，中国的潮玩市场已经遥遥领先，进入这个行业

的品牌及产品也越来越多，源自本土的设计与IP已经成为主流，诞生了泡泡玛特、

52TOYS、TOP TOY、X11这样的主力品牌以及SKULLPANDA、DIMOO等网红原创IP，也有"乡村爱情"这样的土味盲盒如黑马般跑出，轻松卖出60万个玩偶，实现2000多万元销售额。

所有吹过的牛都会实现，所有的幻想终将成为现实，所有这些先行者总有一天会获得应有的尊重、荣耀及商业回报。一直坚持活跃在潮玩界的前辈们，现在终于进入收获季。坚持者终将收获自己的成果。今天，中国潮玩市场所有的荣耀与光环，属于所有曾经为之努力过的人。

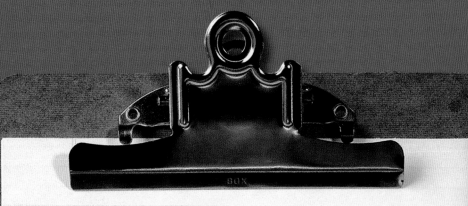

BOX：如何给你的玩具拍靓照

　　对于今日的潮玩迷来说，数码相机的日益普及，使得给玩具拍照也成了一种癖。如我，便经常带着潮玩出差旅行，在东京、北京、上海，甚至黄果树瀑布前为它们留影，通过照片的方式表达"潮玩到此一游"的行为艺术。给玩具拍照，说起来可能很简单，但想要拍出好的影像依然是件比较困难的事。不过，如果掌握以下小技巧，并且能够坚持不懈地拍下去，相信总有一天你会成为玩具摄影大师。

　　1. 给 B 女这样的娃娃拍照，就像给小孩拍照一样，记得要给她整理好衣服，找好脸型的角度，最要紧的是给她搞一个好发型哦。

　　2. 尽可能用微距拍摄，这样玩具看上去比较有质感。

　　3. 随身要携带宝贴、万用胶之类的东西，以便玩具可以直立，按照你想要的方式造型，甚至可以用细线将它吊在半空，营造出梦幻般的感觉。

　　4. 想要把玩具拍得比较清楚，或者能与日常生活融为一体，最好拿到室外拍摄，运用自然光会比较逼真，也容易玩出情调来。在室内拍摄时，最好不要开闪光灯，闪光灯可能会使玩具本身过曝，不开闪光灯而依靠室内的灯光，才会有特别的感觉。

　　5. 给玩具拍照很重要的一点：即便在人潮里、在大街上，也不要害羞，哪怕有数十人围观，你也要视他们为空气，冷静且镇定地帮玩具造型、对焦、拍摄。

　　6. 因为玩具较小，如果想玩出影棚一般的感觉，可以在家里用沙子、花草、灯光等模拟出海滨浴场等大场景来，还可以为它布置出简单的居家环境。

　　7. 有些玩具是夜光的。想拍夜光的图片其实亦很简单，只需要先开足灯光，让玩具贮足光，然后将灯光熄灭，将相机固定在三脚架，用慢速拍出夜光玩具的神采。

　　8. 很多数码相机是可以玩出多种花样的，例如用彩色塑料纸挡在闪光灯前，就可以模拟出 LOMO 的感觉。

　　9. 如果你懂一点 PS 的技术，那么就可以帮玩具搞出更多特效，诸如在空中飞翔，与怪物大战，等等。

潮玩入门必读

我所有的朋友都把我送给他们的画卖掉了。几乎所有的朋友都是。

——美国艺术家 让-米切尔·巴斯奎特

听上去就是这么让人丧气，当下拍卖价格过亿美元的巴斯奎特的作品，原来一样会被朋友卖掉，而且还是在尚未大幅升值的阶段出手。对于潮玩玩家来说，这样的事情也很常见。

我知道有一些朋友，因为流行或者其他各种原因，甚至是因为读了我的书，或者看了我的视频，对于玩具产生了兴趣，有些已经义无反顾地加入到玩具收藏的行列。

收藏是门显学，玩具收藏也一样，与其他类别的收藏本质并没有多少区别，都需要金钱、时间、鉴赏能力。文物收藏大家马未都写过一本《马未都说收藏·家具篇》，其中谈到了"收藏的准备"，别以为文物收藏与玩具收藏是风马牛不相及的，其实个中道理并没有多少差异，姑且将马先生的精粹要义辑录如下——

"从收藏的角度讲，我觉得我们每个人都应该有一个准备。今天喜欢收藏的人太多了，但是冒冒失失地进来，没有准备，就会出很多问题。那么，收藏首先应该准备什么呢？第一条就是理论先行。你首先应该知道你要收藏什么，再把对应的书找来看。比如说，我喜欢陶瓷，我就找《中国陶瓷史》看看，我得把中国陶瓷先弄清楚。人家一说宋代五大名窑，我就得知道是'汝、官、哥、钧、定'……第二点就是最好请个老师，交个朋友。但这条要注意，一定要找正经人，不要找一些旁门左道，全是巫术的人。再有一点，你请的这位老师应该有一定的社会地位，比如说在专业单位任职、有过收藏成就，这样的人会对你有很大的好处。有时候别人教你一句，省得你摸索半天……第三点就是多接触实物，有机会就看。接触实物有很多种方式，最多就是看展览。"

玩具收藏也一样，刚入行的朋友可能是风一样的热爱，什么流行买什么，什么可爱买什么，不管什么品牌、什么IP，统统都热爱，只恨自己的钱太少，否则统统要纳入自己的收藏。这样的收藏其实很容易让自己迷失方向，不久又会嚷着退坑。

玩具有风险，入市须谨慎。

对于所有热爱玩具的人来说，必须谨记 "冲动是魔鬼"！玩具是世间很容易令人冲动的一种物品，无数玩家的行为让我有了一种责任感——是的，我不想你们因为我的指引而深陷玩具丛林，更不希望因为我的介绍而买了一款不如意的产品而懊悔。所以，对于站在玩具王国门外徘徊、欲向前迈进一步的朋友，我准备了以下入门纲要，在你确定要成为潮玩玩家之前，可以精读，再三思而后玩。

1.你有很多闲钱可供支配吗？

拿出月收入的1/3甚至更多来买玩具，你可以吗？有可能半年就花上三五万。必须要做一个简单的财务规划，将玩具纳入固定的消费预算，这样才不会让自己陷入财务危机。

2.你有强迫症吗？

逼迫自己将辛苦工作挣来的血汗钱换成一堆堆大同小异甚至只是换色游戏的塑料，不仅需要勇气，还需要一点强迫症作为精神支撑。

3.你可以自由支配资金吗？

自由的意思是，你可以随便乱花钱，家里人都不会对你有微词，老公或老婆不会因此带着孩子与宠物离家出走。收藏事小，家庭和睦事大。

4.你有一间可以放很多玩具的房子吗？

玩具收藏到最后，发现除了缺钱，还缺空间。当你像蚂蚁搬家，半年后家里的空间全部变成了柜子，而柜子上面全部堆满了玩具以及巨大的纸盒——不知道是什么专家提倡的收藏规则，纸皮运输箱也不能扔，扔了不保值，其中尤以1000%的BE@RBRICK为甚，通常一个纸箱要值100多元。

5.你有正版意识吗？

收藏，肯定是只有收藏正版玩具，才有精神分享与金钱增值的双重空间。玩盗版，不但比较无趣，亦无法真正融入收藏圈，没法与玩正版的人交流。

6.你是奢侈品的拥趸吗？

潮玩，其实就是奢侈品。有时候一个潮玩，可能价格比一个爱马仕的铂金包还贵。所以，能够持续收藏潮玩的人，是乐于享受奢侈品所带来的快乐的。例如，花几十万买一个MMJ特别版高达或KAWS的4FT摆在别墅里当门神。

7.你有责任心吗？

玩具其实也是一种特别的生物，虽然无法言语，无须像宠物一样贴心照顾，但你依然要帮它清洁、换衫、陈列，偶尔改装，带它出门去旅行拍照，参加同好的交流会……如果你是一个靠谱的藏家，最好对藏品不离不弃，即使转手也要帮它找个好人家吧。

8.你有信用卡吗？

把信用卡挂在微信钱包或支付宝，除了能给你透支消费，也会比数现金消费来得愉悦，毕竟"钱不是真的花出去了，只是以另一种方式来陪伴你"。

9.你的心脏强健有力吗？

玩具收藏与股市一般，亦有上涨与跌价之痛哦。玩盲盒的都知道，今天原价抽的盲盒，转手就有可能在二手网站上看到了低于半价的，当然，也会有升值几倍的。一切，都很刺激，因此需要一颗强健有力的心脏加持。

10.你有理财观念吗？

收藏，并不仅仅是纯粹的消费，也是一种资产增值的方式。很多上市公司老板会花上亿去拍张画、拍个杯子，转头把画与杯子抵押给银行，换回来等额的贷款，这是收藏，还是资产运作？个中玄机又有几人能懂。收藏玩具，其中有很多是特别版、限量版，所以维持增值属性是必须要考虑的一个元素，尤其当下网络发达，转娃很容易。偶尔，"倒买倒卖"玩具也是一种乐趣，除了可以将失宠的旧玩具换成新玩具。

11.你热爱阅读吗？

认识很多初入玩具坑的同学，都是随缘入坑，没有什么规划，其实也没想过自己喜欢什么，更谈不上研究，最多就是刷刷小红书。其实，阅读始终是最厉害的生产力，如果你想成为一个专业或半专业的玩具收藏达人，一定要多方位收集新玩具资讯，阅读玩具书，例如你现在阅读的这本。另外，参加玩具展，看看当下流行什么；多与同道中人一起讨论，才能少花冤枉钱，而且这才是真正的收藏乐趣。

12.你懂得三秒法则吗？

当你遇到心仪的玩具，一定要在三秒内决定，买或不买。至于价格问题，就随它去吧——有钱难买心头好，千万不要在以后的某一日仰天长叹，曾经有一个玩具摆在我的面前……嗯，过了三秒还下不了决心，那么应该是缘分没到，玩具还没有能够完全将你征服。

13.你有充裕的空闲时间吗？

时间未必是金钱，但是收藏一定需要时间。摆弄玩具，去玩具店排队，去潮玩展淘宝，在网上查资讯或者参与线上拍卖，所有这些都需要时间。

14.你的工作与生活有压力吗？

如果答案是肯定的，那么收藏玩具其实是一件好事。玩具会帮你转移视线，超级解压，好事一桩。

15.你像个孤独的御宅吗？

因为热爱玩具，在一些世俗人的眼里，有可能你我都是孤独的御宅呆瓜，是一种搭错线的生物。不过，随着这几年盲盒的流行，持这种观念的人正急剧减少。

16.你能熟练玩转网络吗？

上网现在大家都会，毕竟现在网上购物是主流。会上网这个事，对早年的玩家是特别重要的事情，毕竟当时国内能够买到够酷又新的玩具并不是件容易的事，经常需

要海淘。当然，现在也需要，如果你在玩NFT或者是KAWS的玩具，也需要常常去国外网站入手。虽然现在潮玩市场很多都转移到了中国，但是购买并没有变得容易。因为网络化更加普及后，很多潮玩都是线上发售，而且一些新晋品牌会莫名设置很多障碍，例如转发朋友圈、点赞截屏等。有时候我也会恍惚，玩家身份的我不再是上帝，而是乞求品牌或设计师卖我一个玩具的小可怜。

17.即便你一项都不符合……

以上条件，凡符合三项以上的人即可初窥达人之径。当然，即便你一项都不符合，没关系，你同样可以晋身玩具达人，因为你已经满足了另一个条件：愿意买我的书回来研读，你当然是最真诚的玩具达人。

BOX：当代玩具品牌的分类

　　当代玩具品牌的分类标准是根据玩具品牌商对其品牌的综合定位以及消费者对品牌的认知，从不同的视角进行不同的界定和划分。

　　按产品材料分类：毛绒玩具品牌、电子玩具品牌、塑料玩具品牌、木制玩具品牌、铁皮玩具品牌、搪胶玩具品牌等。

　　按产品消费对象分类：儿童玩具品牌、成人玩具品牌。

　　按产品技术含量分类：智能玩具品牌、传统玩具品牌。

　　按产品数量分类：单一产品玩具品牌、系列玩具产品品牌。

　　按销售发行模式分类：限量版玩具品牌、普通版玩具品牌。

　　按产品用途分类：艺术家玩具（设计师玩具）品牌、益智类玩具品牌、功能性玩具品牌。

　　按产品价值分类：大众玩具品牌、高档玩具品牌。

　　按产品知名度分类：驰名玩具品牌、著名玩具品牌、知名玩具品牌、一般玩具品牌。

　　按品牌属性分类：玩具产品品牌、玩具企业品牌、玩具组织品牌。

成为玩具达人

　　该如何挑选作品，只有一句话："相信你自己，绝对不要欺骗自己。"如果你不懂得掌握"忠于自己的喜好"，买后极可能会"悔不当初"。

——日本收藏家　宫津大辅

　　日本上班族收藏家宫津大辅，外号是"低于一千美元的铁公鸡型收藏家"，却拥有草间弥生、奈良美智、蔡国强等大师的作品，他总结的从零开始的艺术收藏入门经验：

洞察先机的收藏智慧是？

　　应该及早留意的，不只是具有潜力的艺术家，还有现在正在画廊工作的助理——他们极可能就是未来享誉国际市场的画廊主人。

何时是进入现代艺术收藏市场的最好时机？

　　就是现在。因为它们极可能在十年后，有十倍以上的涨幅，摇身一变成为一代名作。

　　入门之后，继续修炼，自然会晋级为玩具达人。玩具达人作为一种代号，既代表了持续坚持的收藏家，也纳入了像我这样的玩家——对玩具保持持续的热爱，花很多

时间、心思去研究玩具背后的故事，也很用心地与玩具迷、玩具店老板、玩具品牌设计师、主脑进行交流，希望能够系统地从他们身上感悟到一些玩具之外的东西。

"只要有心，人人都是玩具之神——经病"，玩具达人所要思考的问题，肯定比入门者要多。以下点滴问题或经验，应该是很多玩具收藏达人所要解决的课题——

玩具买回家到底要不要拆开来把玩？

这是一个玩家普遍纠结的问题。因为觉得拆开原盒不好转手，或者是转手的价格会受到影响。不知道你们如何考虑，反正我是一定要拆的。作为一个玩具迷，买了玩具却舍不得打开来玩，多少有叶公好龙之嫌，不是一个真正玩家吧。当然，如果你买玩具只是想着要转手增值，那么建议你就不用拆盒，原装通常比较容易出手，也更容易卖出一个好价钱。对于更多的达人来说，解决这个问题的方案其实很简单——全新的玩具买两个，拆一个，留一个。

玩具盒是不是一定要保留？

大概这是所有玩具迷都头痛的问题，如果将玩具拆盒摆上架，那么家里又会多出一个体积更加庞大的玩具盒兵团——因为玩具容易损坏的缘故，通常玩具包装盒都大得夸张，里面塞了很多泡沫之类的保护层，慢慢家里的空间就会因为这些盒子的霸占而变得日益迷你。如果你住在北上广，十万元一平方米买回来的空间变成了玩具盒仓库，实在是心有不甘。

可是，扔掉这些盒子也是件麻烦的事，一是将来玩具无法收纳归位，遇到搬家之类的大事件更是头疼。更重要的是，没有盒子，玩具通常在转售时可能卖不出好价钱——玩具店的客服、朋友圈的娃友在你第一次入手潮玩时可能就已经这么跟你说过。事实上他们说得很对。对于有些玩具迷来说，不但玩具盒要在，而且不能有折痕，甚至是镭射贴都不能贴歪，里面的一张纸卡都不能缺少。最夸张的是，现在已经卷到外面的牛皮纸运输箱也要毫发无损。不得不说，这实在是太过夸张，而且没有什么必要……唉，完美的人也是麻烦的人。但我始终相信，凡事都会有例外，我当然也会保存这些盒子，不仅是保值的问题，还因为有些盒子本身的设计都很赞，亦是玩具艺术的某种延伸，例如彩盒上可能印了艺术家的画作，当然要保留。

但我们千万别忘记，其实我们是在买玩具，无须买椟还珠。所以，有时候我遇到心仪的玩具时，没有盒子我也会入手，前提是它一定是正版。其实，在东京秋叶原很多玩具店，那些迷你盒玩基本都是扔掉盒子卖的，估计那些店老板也没地方堆放，或者是懒得在堆得如小山一般高的盒子里将它找出来吧。至于价格，其实与有盒的差不了多少，换成人民币也就几元钱的区别吧。最好就是像某些8寸的QEE，品牌在推出玩具时，盒子本身是透明的塑料，玩具放在盒中也可以与你朝夕相对，装饰、收藏两不误。

盲盒是散抽还是拆盒买？

现在盲盒类的潮流玩具，又被定义为惊喜玩具。惊喜的意思就是，你可能会抽到让自己欢喜的玩具，当然，也有可能是你不喜欢的惊吓。为了促销，它们通常都是扭蛋式包装，外盒都一样，也许你第一次就能抽中你想要的，也许你永远都抽不到你想要的那款潮玩——只能说这是天意弄人。盲盒扭蛋式包装，对于有些玩具迷来说，可以试自己的手气，不到长城非好汉，很刺激。但从概率上来说，抽中同款潮玩的可能性要远远高于抽中隐藏款的。所以，潮玩族等平台，或者有些玩具店，或者闲鱼娃友会变身"玩具杀肉工场"，他们将盒装玩具拆开来明盒卖，明码标价，或低或高，看上去要比你同一款玩具抽几只回家便宜很多。但这样的操作就缺少了"惊喜"，盲盒缺少了所赋予的"中奖"成分，多少有点儿遗憾。有些娃友在入手盲盒的时候，买的不是玩具本身，而是拆开盲盒的体验，消费的是一种体验。

所以，如果你问我买盲盒还是买明盒，这个真是因人而异，没有固定的模式，更没有好坏之分。但是，我通常会成套购买，以前我会建议买拆盒的套装划算——因为以前流行的BE@RBRICK、DUNNY等平台玩具，每盒里都有重复的；现在主流的盲盒，已经变成了12只/盒，里面每只都不同，这也算是国内潮玩的贡献之一吧。以前重复款的扭蛋，我放在闲鱼很久才能全部出手，耽误时间；现在如果不执着于一定要抽到隐藏款，买个整盒，就无须为此烦恼。

买限量版还是普通版？

其实潮流玩具一般都不会推出太多。在潮玩的早期年代，过千只已经算很多了。像8寸以上的大只玩具，少则几十、多则几百只，过千只的都很少。现在，潮玩从小众变成了大众流行，盲盒过万只，甚至大只玩具过5000只也慢慢变成了一种常态。潮玩量大，好处是可以让更多人无障碍且平价拥有自己喜欢的玩具；坏处也是显而易见的，因为市场容量所限，粉丝数也相对固定，量多易引起二手市场的踩踏与雪崩。如果品牌一味想着割韭菜，其实也是对玩家不负责任的表现。其实若干年前，某个平台玩具的生产量已经过万，一时兴隆，但伤害却是永久的，因为大量库存无法消化，带来的后果是平台慢慢退出了这个市场。对玩家来说，收藏潮玩是种兴趣与情怀；对品牌来说，除了兴趣之外还有更多商业上的考量，盲目加推发行数量，很多时候是目光短浅的表现，表面上是损害了玩家的利益，实际上是在伤害品牌本身的含金量。一旦你的玩具随处可见，常卖常有，平价甚至跌破发行价当街叫卖，相信以后很少有人会愿意入手。

玩具收藏领域里面玄机重重，玩具品牌为了抢钱，有时候同样一款设计，赤橙黄绿青蓝紫出了数种色，那么，是不是我们都要收齐才甘心？我的意见，如果你不是只玩某一个品类，那么只收自己喜欢的那一款色就收手吧。玩具推出速度永远比我们挣

钱的速度要快，最好的玩具永远在未来。如果你还想多买一只，那么就买其中的隐藏版或限量版吧，会比较容易升值，也容易出手。因为玩具人都有点儿神经质吧，相信物以稀为贵，贵的才是最好的，尽管隐藏版与普通版的区别只是换种色而已；而且普天下那么多限量版、限定版、隐藏版，以个人之力如何才能收齐？！何况，隐藏版并不代表就是经典，只是商家的促销手法而已。

抽隐藏版玩具有秘籍吗？

有，当然有，就像打牌都有老千，魔术师可以玩大变活人，对于超级玩家来说，抽取隐藏版玩具当然会有个中玄机。说起来隐藏版玩具确实是玩家的噩梦，像BE@RBRICK的隐藏版，一大箱96小盒里才有一只，概率就是1/96，所以玩家称之为961，甚至还有1/192的终极隐藏版。有个玩家跟我说，他找到了玄机，确实他抽中隐藏版的机会比我高很多。他说隐藏版的幻影防盗版贴纸会有不同，你信吗？还有玩具店老板说，有些隐藏版会放在每一盒的固定位置。但真正具有指导意义的是，应该靠自己亲自下场体验，我所能提供的绝技其实大家应该都知道，只能靠手感与听觉取胜。所谓手感，有些玩具的外形不同，重量亦不同，而且捏在手上的感觉亦有差异，圆的与方的手感当然会有差异，如果附加有斧头、树枝、小羊之类的配件，摇一摇当然会有些撞击声……现在，还有高端的玩法，就是小红书上会有人公布玩具的编码，或者带着电子秤去店里，所有这些，只能凭玩家亲自上场体验。记住，还有关键一点，如果你不是在正规专门店买的，需要看清楚盒里的玩具有没有被老板动过手脚，是不是重新粘了胶纸，开盒处是否有被烧黑

的迹象，否则你自作聪明地左摇右晃，其实整盒里压根就没有一个隐藏版，岂不是成了冤大头。当然，还需记得，很多玩具店是不允许你摇啊摇的，千万要遵守规矩啊。

潮流玩具一定会升值吗？

有两派人，答案不一样。一是贬值，二是升值。其实，这两种意见都正常，也都正确。就像炒股，有人赚，有人赔，所以大家的意见亦不同。大体上来说，只要你买到的玩具发行量少，超过了玩家的数量，而且保存得当，并且有自己的销售通道，给玩具店回收、与玩友交换或者放到朋友圈、闲鱼等平台上去售卖，保值甚至升值是肯定的。但如果你买的只是大量生产的玩具，例如麦当当的玩具，或者并非限量的盲

盒，又玩得比较残，那么升值的可能性亦实在是微乎其微啦！想要购买的玩具升值，其中当然也有诀窍。大只的比小只的要有升值潜力，因为大只玩具的产量相对会比较少，而且都是专业买家出手。知名的艺术家或设计师比不知名的设计师要强，跟买油画等艺术品一样。就像以前在玩具界KAWS无一例外是有升值保证的，现在还是差不多这样；如果你买了奈良美智的限量玩具，那么就可以坐等升值了，前提是你能够买到。价格高的比便宜的容易升值，价值高的门槛就高，已经剔除了大部分的平民玩家，而且价高翻半倍已经抵过低价玩具的N个跟斗了。合作版比普通版更有升值机会，这是潮流界惯用的手法。一个藤原浩已经很贵，现在再加上一个NIGO，然后还带上Pharrell Williams，强强联合，两个或两个以上的潮牌叠加，自然更有吸引力。质量好的比质量差的强，潮玩作为一种藏品，一种艺术衍生品，质量一定要好，放在家里才有艺术感。如果质量太差，即使设计师是安迪·沃霍尔再世也救不了，毕竟很多收藏需要时间去验证。早期的玩具，因为胶体有问题，老化、出油、发黄等问题严重，确实很影响收藏品的价值与收藏人的心态。要有发掘新人及发展的眼光，跟我们炒楼盘买名画一样，要能够发现未来有升值潜力的设计师、艺术家，寻找有潜力的设计师。所有的当红艺术家都会有寂寂无闻的起步时期，而通常这时的产品会比走红后更加抢手。想一想，2000年左右你若收藏了一些KAWS作品，现在升值幅度已经远超房价增幅；或者2019年你若买了西班牙艺术家Javier Calleja的大眼仔公仔或原画，现在应该同样增幅喜人。最后，一个重要警示：不要搞设计师迷恋。就像奢侈品，不是所有包都能保值增值的，也不是所有名牌艺术家的作品都会升值的，包括

KAWS的商品，有时也会有掉价的危险。像我多年前买的粉红版TWINS，1800多元入手，半个月后掉到1200多元，简直是欲哭无泪，当然，现在它的价格又坐上了直升专列，已经回升了好多倍。

单只买还是成套收？

玩具老板看准了玩家的心思，一套玩具动辄十多款。说真的，全收了伤筋动骨，只能一月不吃不喝；但只收一款，又老是惦记。我的建议就是，狠狠心，相见不如怀念啦。如果不是非常非常喜欢，没有半夜做梦都想着去玩具店将它买回家，那么就买其中一两只玩玩也罢；如果很喜欢，钱包又鼓，还想将来能卖个不错的价钱，当然是成套买回家啦，毕竟成套玩具才像是一个团队，少了其中任何一位都有些别扭。同样的道理还适用于，身为一个潮玩玩家，你要为自己找一个合适的定位。最好不要学我，MOLLY买，Labubu买，BE@RBRICK也买，盲盒买，雕塑买，随心所欲见好就乱收。比较理性的做法是：只买自己喜欢的，或者只收某一个品类；或者认准了设计师，只收MCA、KAWS、龙家升、Daniel Arsham或者Ron English。这样的收藏方式，除了省钱，还很容易使自己迅速成为某一方面的专业收藏家。

BOX：玩具收纳的小技巧

玩具收藏有些小窍门是必须知道的。

1. 拆盒的玩具最好摆放在有玻璃门的柜子，防尘，也不用怕不小心就摔到地上，成为断臂玩偶。像盲盒，可以买泡泡玛特的带 LED 灯带的防尘盒；400%、1000% 的 BE@RBRICK 也有专门的亚克力罩。

2. 如果是盲盒，或者站得不太稳的大只玩具，放在柜子里，最好在玩具脚上粘些宝贴或者 3M 透明胶，这样不容易摔。

3. 超合金系列玩具比较容易被手掌中的汗水腐蚀，还有一些售价不菲的艺术家玩具，比较珍贵，把玩的时候记得戴上白手套。

4. 同类型的玩具放在一起比较有气势、有力量。例如，将 BE@RBRICK 摆成一排，或者将 James Jarvis、KAWS 的玩具搞个队列，比较吸引眼球。

5. 扭蛋玩具的蛋纸应该夹在一起，将来寻找起来比较方便。

6. 玩具脏了可以用水清洗，用超市里的"百利妙用擦"来清洁；但在清洁前一定要确认会不会影响漆面或材质。

7. 有时候打开盒装玩具时会撕得不太美观，可以用吹风机或打火机在玩具盒底部加热，因为通常盒装玩具的包装都是用的热熔胶，加热熔化后就比较方便开启。

8. 遇到吊卡玩具，可以用裁纸刀顺着塑料边缘割开，就不会损坏吊卡原包装。

网购完全宝典

艺术是完全在人类的控制范围内而不会被机器取代或超越的最后几个领域之一。

——美国艺术家 凯斯·哈林

当下，潮流工业已经不再是小众流行，由于网络消费习惯的普及，潮玩的入手方式已经是线下、线上并驾齐驱，甚至线上的风头已经盖过了传统的线下潮玩店。

　　虽然泡泡玛特、TOP TOY、52TOYS、MINDstyle、X11、iToyz等品牌都在着力发展线下平台，但就像业内人士所说，千元以下的产品，网购会更加活跃。线下呈现的是一种体验感，更适合奢侈品所赋予的尊享感。我花几万元买个LV包包，感觉还是去专门店更加放心，同时也比较有仪式感。而潮玩更加对应长尾，网络平台能够覆盖更多人群。对于普通的玩家来说，在直播间抽盲盒，在得物、潮玩族、抖音、小红书、抽盒机、微信等小程序买玩具，已经是一种日常生活方式。

十多年前，我与台湾潮流教主黄子佼交流拜物经验，最让我难忘的是，黄子佼说他从无意中进入网购开始，已经很少亲身去逛店铺，一般都是通过网络购买或竞拍各种潮流玩具。他的理由很充分：其一是足不出户，省时省力；其二是网上的货源丰富，很多实体店铺没有的限量款都可以在网上找到……

如果你读过《长尾理论》，就会明白在网上有很多长尾商品，它们很小众，在实体店里很难见到，但即使在网上，你想找到它们也不是件容易的事。以淘宝或闲鱼为例，上面的卖家数不胜数，你如何才能找到自己想要的东西，毕竟小卖家很少会通过刷单、直通车等方式获取首页的关键词流量。如何才能找到对应你风格的网店，找到你梦寐以求的绝版潮玩？多看杂志、公众号、小红书、抖音介绍当然是个好办法，甚至小红书下面的留言，都可能是获取购买链接的好渠道。你也可以关注符合你藏品风格的UP主与店铺，但最重要的是，要学会以最快的办法搜索到自己想买的商品。例如，你想在网上买KAWS的"The Kimpsons"系列，那么可以在购物平台的搜索框里输入"The Kimpsons"，再用"KAWS The Kimpsons""KAWS""KAWS The Simpsons"……不同的关键词搜索，最后在这些项目下仔细浏览，寻找离你最近、信用最好、价格也最合适的卖家。

网购最关键的一点，就是你必须要学会保护自己的利益。所以，要尽可能选择大型知名的、有信用制度和安全保障的购物网站。如果不是特别熟悉的朋友，尽量减少直接转款交易。与在传统店铺购物一样，货比三家不吃亏，多看得物、潮流杂志、

UP主的报价也非常实用，避免被骗的可能。毕竟是网购，看不到实体货品，必要的咨询还是需要的。因为很多卖家用的是官图，或者自己拍的图片像素较低，而且会由于灯光造成偏色，所以如果你对颜色特别在意，就要向店家多咨询。在落手下拍前，还需要看看店家的信用度以及之前买家的评论，这是你分辨网购是否上当的一个重要指标。如果卖家是新手，其支付宝信用分较低，或者差评较多，你就要慎重考虑，因为有可能会遭遇骗局。虽然网上也有人自己炒作，以增加自己的信用度，但这类人并非主流，而且你也可以通过其他网友的评价来考察卖家。如果这个卖家只完成几十次交易，但差评及投诉已经有了好几桩，那么你在落单时一定要慎重考虑。在支付方面，尽可能用网店所提供的信用支付体系，诸如支付宝等，这样当你买到的潮玩有问题时可以通过第三方介入来申请退款，前提是你要有充足的证据来证明——因为是网购，有些易碎品可能因为运输的问题而损坏。所以你在收到快件时，别忙着签收，应该先拆件查验完好无损再签收；如果有问题，你应该当着快递员的面，第一时间拍下视频及照片，并及时与卖家联系处理。

很多人害怕在网络上用正版的钱买到盗版的货。其实只要你足够细心，这些问题基本可以避免。首先，你在落拍前应该咨询下卖家，通常网店卖家虽然不想做百年老店，但也不会是一锤子买卖，你的评价对他店铺的经营很重要。所以如果不是正版，他的回答一定是模棱两可的，诸如散装、厂货、水货之类，通常这些顾左右而言他的回答，已经足以证明商品并非原厂正版。其次，你还可以多研究店主的其他商品，如果大部分都是简陋的便宜翻版潮玩，那么可能你要买的这一件也不会例外。最后，很重要的一点就是价格，我在网上很少看到有人将盗版潮玩标到正版的价格。如果你在网上看到一只大眼仔的玩具，价格却比市面上便宜很多，这时你首先要考虑它是否是来路不明的D货——无论是网上还是线下。只有错买的，没有错卖的，这是所有热爱潮玩之人都必须要明白的金科玉律。

按照一般人的理解，网络上的商品没有铺租，所以价格相对便宜，这种理解当然没错。事实上，绝大部分网店的商品可能会比线下的便宜，但也有一些网络上的限量版、特别版或小众产品，由于买家人群较少，所以价格也未必会便宜。如何通过与卖家交流买到性价比高的潮玩，这也是一门学问。通常，网络上的产品有两种标价。一种是一口价，一口价的意思当然是"谢绝还价"的意思。有些店铺真的就是一口价，也有些店铺虽然标的是一口价，但多少还会有些还价空间。至于能还多少，则取决于你对市场行情的了解，多跟店主交流，获取一个不错的价格其实亦比较容易。还有一种是竞价拍卖，这种方式在国外很流行，而在国内尚未成气候，只有一些店主为了增加人气才会采用。网络竞价有些像线下的拍卖，不但好玩，还很刺激。虽然他随时可以喊价，但同一时间可能有很多人在跟你竞争，在竞价快结束的时候，你的心情会像股市曲线图一般起伏不定。这时候其实最需要的是镇定，要很清楚自己的底价，否则

一不小心喊得过高，便要付出代价；喊得过少，又有可能与心仪的商品失之交臂。所以，如果你很想得到这件商品，自然需要坚持到喊价的最后一秒，哪怕这时已是凌晨五点，即使最后你没有拍到，也可以享受到竞拍过程中的乐趣。

再简单说下海外网购，在国外，eBay英文版很强，Yahoo的日文版不错，还有一些潮玩品牌有官网，但由于国内的支付体系，与之衔接还是很麻烦。所以，想网购国外商品，可以找国内的代购网站来帮你完成。如果你有时间、有能力自己操作，当然更好，但一定要在落拍前注意卖家的说明书，看商品是否愿意做国际贩卖，同时关注一下运费，有时候运费可能会比你买的潮玩还贵。

最后，各位买家切记，不要将自己的网络账号、信用卡账号和密码泄露给别人，更不要在网吧登录操作网购，以免账号、密码被盗用。

向 FAKE 说 "不"

收藏的动机无非下列三者之一：对艺术的真爱，投资机遇，或是其社会承诺。

——美国艺术品收藏家　艾米莉·霍尔·特里梅因

曾经接受过一个名叫"潮骚"的网站的访谈，这个网站可能已经消失，但是对话依旧有意义。

是否购买过FAKE的产品？

当然。在当下生活却没有买过FAKE产品，大概是件不可能的事吧。

印象最深的FAKE产品？

是一件SUPREME的纪念T恤。

何种原因购入了FAKE？

两种原因：一种是正版实在太贵，而FAKE版的质量差不多接近原版，价格却便宜，买回来玩下；另一种是因为缺乏潮流知识，或者说潮流玩意实在太多，很容易就上了店家的当，买了FAKE之物。

有什么东西或品牌绝对不买FAKE？

玩具我是不会买FAKE的。因为这些FAKE版，从收藏角度来看，几乎一文不值。

如何看待FAKE？

这个问题很难回答。从钱包的角度来看，如果是那种质量非常好的所谓厂货，我觉得它的存在令很多没多少钱却又想追潮流的人圆了梦，但从根本上伤害了整个潮流工业的上游生物链。所以，最好的办法是潮流物品适当降低门槛，从价格与入手方式上更加平易近人。当然，这样的话，似乎就不够潮了。

关于买不买翻版潮玩，这个话题应该是很多玩家心中一个过不去的坎。买翻版，容易得到，价钱还便宜，看上去也差不多。如果只是拍个图片、发个朋友圈，可能也没有多少行家能够分辨。但是，如果遇到真正的玩家，或者进入到玩家聚会，大家来晒一晒自己的收藏，或者是想把自己的藏品转手卖个好价钱，享受潮玩增值的红利，这时就会出现问题。毕竟，玩家羞于将翻版拿出来示人，大概这便是购买盗版玩具最致命的弱点。不敢拿出来与大家分享，那么收集的乐趣便少了许多，即使是关起门来孤芳自赏，也会兴味索然。

当然，如果你刚入门，甚至是如我一般，因为不了解而入手了一个盗版潮玩，开始对这个行业产生兴趣，也没有什么不好。如果你对潮玩已经开始有了自己的热爱与追求，那么终有一天你会舍弃盗版，踏入正版收藏阵营。大概这也是一种另类的普及推广吧。就像早年打口CD与盗版DVD，让很多年轻人迷上了流行音乐与电影，最终成为坚定的正版支持者。

因为工艺简单，加之盗版商的版权意识淡漠，赚钱效应又明显，翻版潮玩的确不少——当然，与动漫卡通类的翻版玩具相比，潮玩盗版还不算重灾区。

至于如何鉴别盗版，并非三言两语纸上谈兵就能解释明白的。当然，在这个圈子里泡久了，自然会炼成火眼金睛——其实，只要你稍稍留意玩具身上的涂装细节，再略微知道一点点正常的市价，一般上当的机会就不多。毕竟潮流玩具还没有风行到LV皮包这股热门，市面上主流翻版潮玩都是粗糙的仿货，或者缺胳膊少腿的散货。当然，也有几乎以假乱真的超A货潮玩，这个真的很难判断，只有找准靠谱的卖家才行。例如有一段时间，有数个热款1000%BE@RBRICK出过高仿的版本，像哆啦A梦二代，与正版相似度高达98%以上，一时间人心惶惶，行家各种分析，有人说是原厂原模或原数据产品，有人说是只有外包装运输箱的某个字母稍有差异。据说，后来MEDICOM TOY进行了调查，最近此类高阶翻版产品少了些。

当然，在你刚入门的时候，如果自己不贪图便宜，能认准正牌卖家，多阅读类似本书这样的工具指南，让圈内朋友给你指点，应该也能加强防盗版意识——其实多看看收藏大佬们的指点，是件颇有教益的事。马未都曾说过一个收藏古董的法则同样适

合潮玩界：对于一个普通收藏者来说，研究如何鉴定古董的真伪，意义并不大，只要建立一个很正常的文化消费观，别老想着投资，就不会上当。他举的例子是，"比如你从某家古玩店买回的东西都是真的，为什么？因为这家店信誉好，他不可能卖你假的"。他又说，"瀚海、嘉德这种大公司的商业体系，本身就是一个信誉保障体系，它来替你做了第一道筛选"。同样的道理，在你分不清楚真伪的时候，你只要找到靠谱的渠道，自然就不用担心。

再强调一下，从收藏、保值角度来看，如果你真的喜欢潮流的设计师公仔，那么必须买正版潮玩。黄子佼也曾写过一篇《为什么不买盗版》，大致说了两点：一是良知上的错误，二是社会公德上的错误。我也总结一些买与不买盗版的理由，你姑且当段子来听——

先说买的理由：

在网上或店铺里见到，非常好看，根本不知道它是什么来历，更不知道是盗版仿货。

对很多初级玩具迷来说，国内玩具资讯滞后，根本没有能力区分正版与盗版。

偶尔，盗版做得比正版还正。

价钱相差十倍、百倍以上。

只是喜欢它的外形，谁管它正版、盗版。

由BE@RBRICK等刮起的奢侈败家风，现在稍微像样一点的潮流玩具，就要七八百甚至几千、几万元，实在是抢钱之举，而这也是正版难敌盗版的最大原因。

……

再来说说不买的理由：
支持正版，就是支持自己的收藏事业！

一些小众的设计师玩具，它们没有KAWS有名，销量本来就不多，知道的人又少，所以基本上很少有盗版，想买盗版亦是不可能的事情。

正版的潮流公仔通常都是限量版，发售很少，所以过一段时间在eBay、雅虎、苏富比等上就会爆炒升价。像我以前几百元买的村上隆食玩，在网上已经炒到了过千元；同样几百元买的KAWS的CHUM，现在网上的标价已经是999美元起跳；几百元买的特别版B女，在香港已经炒到了3000元……收藏潮玩，就像集邮，如果你收藏了一张假邮票，那么肯定是不可能保值、升值的。

盗版的质量实在不靠谱，甚至会离谱地推出正版从来没有推出过的款式。这种超豪华免费赠送的恶劣创意，令人抓狂。

玩具很多都是搪胶制品，不但涉及环保，还涉及健康，相信多数盗版潮玩都会采用劣质材料，未经质检。

潮流玩具很大的一个属性，是可以令你的家居环境变得更有创意、更具艺术性；而如果都是粗糙的盗版，则适得其反。

盗版使你丧失了与同好交流的良机。

因为它们是盗版，所以通常你不会珍惜，它们随时会被你扔进垃圾桶，成为环保杀手。

买正版才是体现生活品位的一个重要细节。

BOX：盗版与散货

市场上的玩具花样层出不穷，既有正版，也有所谓的散货或盗版，充斥于一些拍卖网

及市面上的玩具店铺。

所谓盗版，完全抄足正版的外形与图案设计，但从涂色及外形与正版都有明显的区

别——常常在喷涂上踩过界，涂色模糊或比较粗糙，图案常常是照抄原版，更夸张的是自

创图案设计。其实想要分辨它们应该比较容易，除了以上特点，一般盗版还缺少防伪标志、

附属卡。盗版商为了节省成本，甚至绝大部分都没有外盒包装。即使有包装，印刷质量亦

比较粗糙。当然，还有一个特点就是，盗版比较便宜，其价格可能只有正货的十分之一或

者更低，令你很容易就明白它是仿货。品牌为了防止盗版，一个很厉害的手段就是不断推

出新的玩具，让盗版商措手不及。

所谓散货，一般是指从原产工厂流出来的残次品，通常其外形与正版没有太大区别，

但在涂装上可能有很多污点或瑕疵，亦缺少配件、出生纸及外盒。

布偶也很潮

我从不擅长定义什么是或不是艺术。我的意思是，如果我们将其当成艺术，那么最终所有东西都可以成为艺术。

——美国艺术家 凯斯·哈林

在国内潮玩发展的初期，有一类比较特别的存在。

除了搪胶、树脂公仔之外，还有一类像我们儿时玩的布娃娃，它们以布偶的方式存在——我其实是不太喜欢布偶，因为布料容易脏，很难打理，而且看上去又太孩子气。

但是，相较于国外的风风火火，早期的设计师搪胶玩具在国内仍处于起步阶段。其发展滞后的原因有很多，成本与制作难度为核心因素。所以，国内很多年轻的创意设计师走上"迂回创业"的道路——先从布偶设计开始。

不过，千万不要低估了布偶，以为世上只有搪胶才是潮流玩具。布偶只要设计得好，或者有了知名艺术家的加持，就会变成货真价实的潮流玩具——

最近特别火的布偶有迪士尼玲娜贝儿、YOOT TOY的叛逆熊Rebel Bear、超扁平艺术家村上隆的布偶、BAPE的布版米老鼠、德国艺术家Boris Hoppek的"Bimbo Doll"系列布偶、还有David Horvath / Sun Min-Kim的"丑娃"UGLYDOLL布偶、Lee牛仔的复古公仔、APPortfolio与美国艺术家Steven Hrrington合作的米奇Harrington。巴西兄弟搭档设计师Estudio Campana以布偶做成的沙发被MOMA等多家知名博物馆收藏，也是KAWS的最爱。KAWS与优衣库合作的芝麻街布偶系列也是大热藏品……

在中国年轻人的创业简史里，曾经非常流行的创意市集功不可没，无形中推动了国内设计师的原创热情，包括陈幸福等的布偶玩具已经开始具有一定人气。早在2004年，我就在香港的"书得起"买到了台湾版王怡颖的《创意市集》，当时香港的*MILK*正卖力地在维园开办一场声势浩大的创意市集。2006年，继台湾掀起创意市集旋风之后，北京、上海、广州等大中城市也开办了一场场的创意市集。

"市集不但是当地人休闲生活的一部分，也是许多才华横溢的设计师或艺术家事业的起点。在市集蛰居多年而终于获得肯定，闯出一片天空的例子层出不穷：有人因而拥有自己的店，或是产品上百货专柜；有人因此而名声大噪，工作接不完……"王怡颖在开篇序言里如此描述她所观察到的创意市集。

身为"世界工厂"的中国，也开始注重创意经济，深圳、上海等地更是将创意产业当成城市未来发展的方向。而创意市集在国内的流行，可以被看作创意产业的民间涌动。我曾经参加过一两次国内的市集，虽然形式相对简陋——市集上所售卖的原创产品并不丰富，仍然局限于小型的手工制作，诸如手工笔记本、贴纸、自制T恤或者DIY手工娃娃，但已经可以看出创意产业的原生形态。

早年在广州的第二届创意市集上，卖得最火或者最吸引看客的就是两个手工娃娃的地摊。两个摊主都是从北京赶过来，一个是制作木乃伊娃娃，用白布

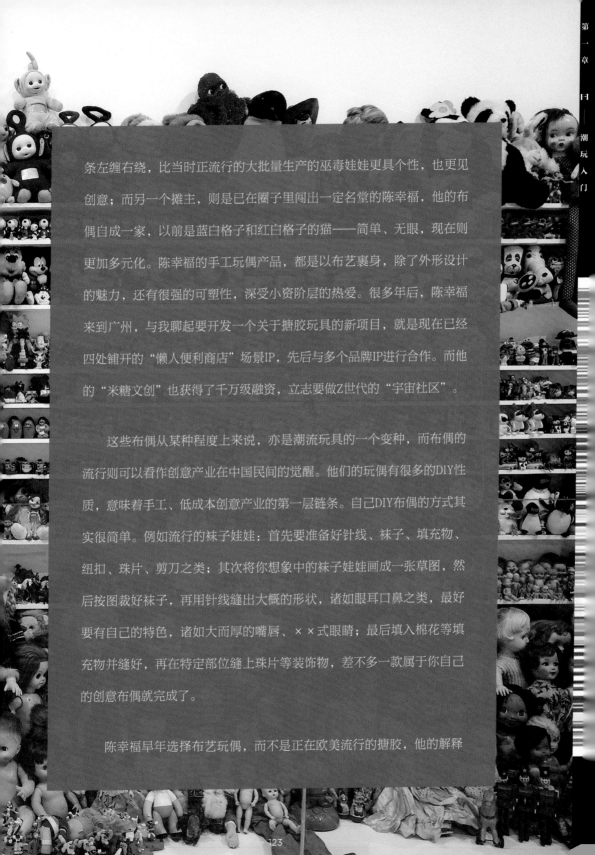

条左缠右绕，比当时正流行的大批量生产的巫毒娃娃更具个性，也更见创意；而另一个摊主，则是已在圈子里闯出一定名堂的陈幸福，他的布偶自成一家，以前是蓝白格子和红白格子的猫——简单、无眼，现在则更加多元化。陈幸福的手工玩偶产品，都是以布艺裹身，除了外形设计的魅力，还有很强的可塑性，深受小资阶层的热爱。很多年后，陈幸福来到广州，与我聊起要开发一个关于搪胶玩具的新项目，就是现在已经四处铺开的"懒人便利商店"场景IP，先后与多个品牌IP进行合作。而他的"米糖文创"也获得了千万级融资，立志要做Z世代的"宇宙社区"。

这些布偶从某种程度上来说，亦是潮流玩具的一个变种，而布偶的流行则可以看作创意产业在中国民间的觉醒。他们的玩偶有很多的DIY性质，意味着手工、低成本创意产业的第一层链条。自己DIY布偶的方式其实很简单。例如流行的袜子娃娃：首先要准备好针线、袜子、填充物、纽扣、珠片、剪刀之类；其次将你想象中的袜子娃娃画成一张草图，然后按图裁好袜子，再用针线缝出大概的形状，诸如眼耳口鼻之类，最好要有自己的特色，诸如大而厚的嘴唇、××式眼睛；最后填入棉花等填充物并缝好，再在特定部位缝上珠片等装饰物，差不多一款属于你自己的创意布偶就完成了。

陈幸福早年选择布艺玩偶，而不是正在欧美流行的搪胶，他的解释是："可能是因为自身专业的缘故。我学的是服装专业，所以对面料比较有兴趣。而搪胶玩具拿在手里是固定的造型，虽然也很喜欢，但是没有棉布的那种手感和更多的可塑性。"

布偶的制作其实一点都不简单。以幸福玩偶为例，制作的全部过程一般包括灵感来源、设计、制作样品、修改、样品通过、批量生产这几个步骤。一般制作一个玩具形象大概需要一周时间。一个设计师构思出一个有趣的故事，设定人物，画草图，进而在电脑具体完成这个形象设定；然后制纸版，用版制作样品，修改，再修改，直到产品完善；最后进厂生产。面料和填充棉都是陈幸福从北京的面料市场直接运来，据说这是他们目前能找到的成本最低的原料。当需要新款式的时候，就要去找符合造型设定的面料和辅料，这是一项陈幸福认为很有趣也很辛苦的工作。工厂制作的是批量的产品，量大的时候部分加工是需要机器完成的。由于材料上的限制，比如皮革、纽扣都必须是手工缝制的，甚至棉花填充也是要手工完成的。所以，陈幸福出品的玩偶在样品设计和创作过程中，基本上都是依靠手工完成的。

在这个流行复制的波普年代，除了奢侈品，还有谁会喜欢这些手工艺术？早年，喜欢陈幸福玩具的人基本符合陈幸福的人群定位，也基本覆盖了今日喜欢潮玩的人群：大学生、小资、文艺青年和一些喜欢猎奇的人。"我想手工并不完全意味着玩具产品的艺术价值，它的艺术价值在于设计师们的创造力得到了最自由的展示。我认识一些优秀的设计师，他们有自己的独立想法，但是也希望自己的产品规模化，只是还

没有成熟的运作模式。而在国外，一直都有很多手工业者延续传统，坚持纯手工制造。他们创造的艺术品价值远大于工厂批量生产的。国内市场上本来就很少发现新的有意思的东西。有一段时间，我就住在后海的胡同里，看到很多有意思的小店，里面也有很多工艺产品，但还是没有什么新意，规模化的玩具产品使消费者很麻木。"陈幸福如是说。

北京、上海还有很多城市，渐渐把这些手工娃娃或者玩偶看作一种潮流和流行的符号，而由创意市集启动的其他各种市集，也慢慢成了并不先锋的活动，如城市细胞一般，隐藏于每个城市的社区或商场一隅，而创意工业正从中慢慢发芽。

对于初入潮流玩具大门的人来说，首先尝试手工布偶，不失为一条捷径。因为它不但是一种相对简单、方便且省钱的方式，也可以更好地实现自己的设计。

熊出没，请注意！

如果商业化意味着把我的创作印上T恤衫，使一个买不起3万美元油画的孩子也有能力获得一件艺术品的话，那么我完全愿意这么做。艺术如果不能传递给各个阶层的人，那它什么都不是。

——美国艺术家 凯斯·哈林

今天，BE@RBRICK已经成为潮玩史上一个避不开的话题。似乎，潮玩收藏者的家里多少都会有一两只熊仔。

也许是沾了史上那只最出名的泰迪熊的光，熊仔成了潮流大热，无论是汽车贴纸，还是潮流公仔界，它都异常活跃。

以前，一个热爱玩具的女记者，收到了朋友送她的一只玩具熊，她左看右看都觉得不对劲——大概因为她经常看我的玩具普及内容，觉得她收到的熊仔不是我经常发图的QEE，也不像是日本的BE@RBRICK，所以她专门在线上问我。我想都没想，就说你收的熊大概就是传说中的POPOBE暴力熊吧！

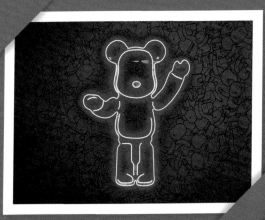

即使潮玩文化发展到今天，还是有很多人将BE@RBRICK称作暴力熊，根源就在于他们将广州的POPOBE与BE@RBRICK混为一谈，而POPOBE另一个名字就是暴力熊。虽然真正的暴力熊其实也是一个日本玩具——听上去像是绕口令——但早年POPOBE的外形实在是抄足了日本索尼公司的MOMO熊，而它的图案则抄足了日本潮流玩具始祖BE@RBRICK，只是手脚设计上略有差异。而另一个日本玩具暴力熊这个名字也不知道几时开始流传，约定俗成变成了POPOBE的代号，然后又变成了一部分人口中的BE@RBRICK。

POPOBE曾经特别火，它给了自己一个非常好的定位，有句广告词大意是"让国外品牌玩具放下价格屠刀"，非常有特色的"薄利多销"思维。这个有着专利证书的正版熊仔在全国很多地方都能见到，连麦当劳都曾经与它联名，还成功走进了无数潮人之家，也上了数本潮流杂志，甚至我在东京潮人最为集中的里原宿竹下通都看到过POPOBE的身影……所以，早年我经常要与很多人解释POPOBE不是BE@RBRICK，BE@RBRICK不是暴力熊。每每此时我都会觉得潮玩产业在中国的发展任重而道远。

玩具不仅仅是潮流酷玩，也可以是奢华时尚、创意艺术的重要元素。很好玩的是，MEDICOM TOY曾借着十周年"Medicom Toy 10th Anniversary Exhibition"全球巡展以及多次联动Colette、Chanel、Hermès等时尚大牌之机，将艺术玩具融入了顶级时尚。

没错，BE@RBRICK这个被称作日本制造的泰迪熊，已经在全球26个国家、地区销售了数千万只，绝对是21世纪最受欢迎的玩物之一。

2007年，法国潮流名店Colette庆祝十周年开业，推出了1000%BE@RBRICK，除了两只眼睛分别印有"97"和"07"的数字代表年份，身上还有纽约的KAWS、Futura、Stash，巴黎的Mr. André等艺术家的签名。同年，香港海港城举办了BE@RBRICK联合各大时装品牌的跨界展览，这个由MEDICOM TOY与香港血癌基金会合作的"LOVE IS BIG, LOVE IS BE@RBRICK"慈善拍卖展，邀请了Cartier、Chanel、Coach、Hermès、Hogan、Missoni、Moschino、Paul Smith、Salvatore、Ferragamo及Tod's等国际顶级时装名牌，并由各大品牌的设计主脑亲自操刀，每一只熊都由专人手绘，以此在BE@RBRICK素体上再现了Chanel的经典黑白、Moschino的超现实主义绘画图案、Paul Smith的锯齿状手绘条纹、Missoni的招牌经典"之"字形图案……

BE@RBRICK其实很早就在中国有所动作，CIGE
2008联手*MILK*新潮流双周杂志及日本BE@RBRICK，
邀请中国知名的艺术家参与"BE@RBRICK meets
Chinese Contemporary Artists"项目合作，中国当代
艺术家及设计师在由MEDICOM TOY提供的1000%纯白
BE@RBRICK熊上进行代表个人风格的艺术创作。

BE@RBRICK大概代表着潮玩的一个缩影，这款由日本MEDICOM TOY公司出产的
玩具，于2001年8月正式推出。它的昵称很多，包括BE@RBRICK、Bearbrick、BB、积
木熊、布里克小熊、百变布里克等；它的大小有50%、70%、100%、200%、400%、
1000%等；BE@RBRICK的每一代都有不同设定的基本款，包括BASIC、JELLYBEAN、
PATTERN、FLAG、HORROR、SF、CUTE、ANIMAL。

KUBRICK是MEDICOM TOY最早推出的积木人形。KUBRICK这个名字源自导演了
《2001太空漫游》等电影的名导演Stanley Kubrick——因为MEDICOM TOY社长赤龙
彦很喜欢KUBRICK的作品，于是便将2至3寸高、造型类似Lego积木人形的产品命名
为KUBRICK。这种积木人形类玩具已经成了平台玩具的一个主流方向。而BE@RBRICK
延续了KUBRICK的积木人形构造，将日本人喜欢的泰迪熊与乐高积木融合在一起，
塑造出全新的玩具类别，名字也是全新的，结合熊与旗下积木人形的英文单词，
BEAR+KUBRICK=BE@RBRICK。从2001年开始，推出一小盒一小盒的扭蛋式封闭包装

的塑料玩具BE@RBRICK，手脚可动，每一只都有不同的设计与名字，还附有PS过的以小熊为主题的出生卡。卡片看上去很可爱，可我却不是很喜欢这种PS的卡片，我更欣赏实拍。

BE@RBRICK的成功，在于MEDICOM TOY选择了一个潮流的切入口，通过12寸FIGURE、KUBRICK、BE@RBRICK等不同的玩具系列，借助东京里原宿的潮流力量，将玩具和里原宿、代官山的潮流服饰店捆绑结合，引发潮流与流行服饰搭配销售。经常与潮流品牌搞跨界合作的商业品牌，如空山基、BAPE、藤原浩、BXH、KAWS、百事可乐等，利用限量、别注、限定等花招，更会通过与KAWS等不同的设计师、插画家、艺术家的合作，创造出新造型与背景故事；此外，他们制作考究，肯在细节涂装上下功夫，不断在追逐潮流的年轻人中制造出新鲜话题，进而形成排队抢购；加之拍卖网站的风行，很多玩家转而将之高价放到网上拍卖，无形中为玩具找到了新的销售通路。

BE@RBRICK集潮流、艺术、创意于一体，促销方式创意十足，不仅与KAWS、MR.A、山本耀司等当红艺术家合作，而且代言HMV、伊势丹百货等商家，更与*MILK*等潮流杂志合作，甚至与《超人归来》《杀死比尔》《加勒比海盗》《钢铁侠》等热门电影合作……按比例抽选、限量生产及与潮流品牌的跨界合作，使得一些BE@RBRICK成为紧俏玩具，价格炒到过万元，绝对是成人才能拥有的快乐。

除了商业上的策略，BE@RBRICK还借助情感上的力量。在这个御宅普遍的时代，每个人都在寻求心灵上的慰藉。明星、玩具迷古天乐在《玩具大战》一书中有一篇《源自个人心中的向往：BE@RBRICK》，开篇文字即是："最初只认定这种塑胶制小熊，没有任何表情、颜色、衣服，以及纯白色的造型，能吸引和打动别人的，包括我自己，就是那份极度简约的设计。"

据此古天乐还对日本玩具及个性文化进行分析："每次说到玩具文化，也很难不牵引到日本这个国家。BE@RBRICK在日本是非常非常流行，生产问世了这么多年，也出过难以计数的合作产品，气势仍是高企，就是因为BE@RBRICK本身就是一件重视个性的创作。但日本的重视个性，往往就变成大家一起来的发展个性，很多动作行为都是一体化的，参与、投入也是以群体形式进行的，渐渐又会变得失去真正的个性，这方面难以定论效果是好是坏。而从管理上来说，个人主义较容易控制，亦正因为这种气氛，所以日本人格外追求在其他地方寻找属于真正的自我。最初BE@RBRICK的出现，任由拥有者自行在那个空白上画上自己喜欢造型的设计，就真正满足了群体一起参与、投入，同时又能保持超然独立的行为，就这样攻陷了他们的心。"

对于MEDICOM TOY来说，成长之路亦非一路顺风。从1996年新开张，就被海洋堂、龙之子等老牌玩具品牌环伺左右，在一般人看来这几乎是一种自杀式选择。然而，世上无难事，只怕有心人，MEDICOM TOY居然就成功了，而且还成了潮流界最重要的玩具公司之一。

最早BE@RBRICK被很多潮童追捧，大家都觉得这个熊很帅，甚至称之为21世纪的泰迪熊。这意味着在新新人类眼中，它是可以取代泰迪熊的新代表。BE@RBRICK的身体设定实际上也是在向乐高的积木致敬，无疑这个致敬很成功。MEDICOM TOY的创始人赤司龙彦，于1996年独立开设了玩具事务所MEDICOM TOY，BE@RBRICK的到来扭转了MEDICOM TOY整家公司的命运和未来。

BE@RBRICK有点儿像是潮玩界的优衣库，因擅长与世界上最潮流的品牌、音乐、电影及艺术家联名而受到明星潮人的追捧，像林俊杰、权志龙、黄子韬、贾斯汀·比伯等都是BE@RBRICK的粉丝。

像所有的潮玩一样，BE@RBRICK也是几经沉浮。早在2005年左右，它已经很

火，吸引了诸多玩家。之后，有一段时间，可能与全球金融危机有关，BE@RBRICK开始走下坡路。如我，开始选择将一些不是特别喜欢的1000%BE@RBRICK转手。

　　潮流轮回，伴随着中国潮玩市场的兴起，加上重磅艺术家加持、热门联名、明星带货以及各种限定发售的机制，BE@RBRICK迎来了它的又一个春天。打开得物、闲鱼，或者是画廊的拍卖图册，会发现上万元的1000%BE@RBRICK已成常态；比较保值的千秋系列，几乎都在几万元；像原木材质的动辄十多万元；而与Coco Chanel联名的BE@RBRICK由Karl Lagerfeld设计，这个穿着Chanel的高定、并未公开发售的熊仔，当初只是用于慈善拍卖以及赠送给媒体及VIP的礼品，现在的拍卖价格高达50万；而在2022年的一个UP主的抖音直播间，一只AVD的初代熊王以85.8万元成交。

夸张吗？夸张。意外吗？不太意外。毕竟BE@RBRICK很会选择联名，而且合作的品牌及艺术家都很厉害，加上明星带货，热度持续不减。大概在2019年，国内的波鞋市场遇冷，一些资金转而炒作BE@RBRICK，毕竟BE@RBRICK的数量有限，早年的1000%版本可能只有几百只。即使现在非常火爆，数量通常也都是几千只，最多不过几万的数量——对于BE@RBRICK来说，几乎是数十倍的增长，但是这个量级相比波鞋的数百万双来说，是可控的，微商与黄牛们也乐于操盘。

BE@RBRICK可以看作潮玩的风向标，由于大量炒家的加入，BE@RBRICK不再是一个玩具，而成了一种理财产品。于是，朋友圈微商的报价中加上了一句"近期价格波动明显，此报价仅限今日有效"。这样的语气基本上与劳力士、大益普洱茶等藏品一样，每天都有浮动的行情价格——今天买明天涨，或者今日买明日跌，都成为一种常态。有人因为BE@RBRICK的增值而赚了一套房，也有人因为BE@RBRICK的跌价亏了一辆跑车，兼而有之，他们玩的不是熊，而是牛市与熊市的博弈。因为越来越多的玩家变成了粉牛，BE@RBRICK的价格变动极快，有段时间因为高仿流入市场，一度导致热门的1000%大跌。例如哆啦A梦2代，从5万多跌到2万多，几乎是腰斩，据说有些卖家囤了上百只，其损失可想而知。

由于BE@RBRICK发售模式的特殊性——基本都是期货，国内的代理商品种不多，而且基本都不是限量版，增值空间大的熊仔几乎都很难买到，可能只限定在某个地区的某间店铺，还要通过当地人抽签等方式——最终导致从发售伊始就不断涨价，再海淘回到国内，自然是一路看涨。由此也衍生出很多问题：例如有些卖家收了定金，因为涨价而飞单——信用好的可能是退款，或者自己加钱收回来给买家；最可怕的是，遇到一些信用不好或者借此圈钱的主，发生卖家收了上百万元定金之后跑路的事故（已经发生过好几起）。

所以，玩熊须谨慎再谨慎，甚至有法学专家表示，若以投资为目的购买积木熊，之后转手炒作，除要面对市场风险外，还可能要面对法律风险。

BE@RBRICK已经成为潮玩风向标，成了很多潮玩品牌的模仿或致敬对象。但是BE@RBRICK自身也面临很多问题，例如：造型单一，有些联名设计很无趣，为了联名而强行联名，加个LOGO凑数；数量也日渐增多，从几百升到几千、几万，市场的承载能力及增值空间大幅压缩；海关开始关注熊圈，海淘进关也开始变得困难。

当然，最重要的一点，所有人都能拥有的潮玩还是潮玩吗？！

BOX：BE@RBRICK 的一些业内"黑话"

保单保价：提前预定 BE@RBRICK，支付了定金或全款之后，不管会不会被代理商砍单，或者出现市场上现货价格的疯涨，依然以预定价格确保有货。

日本直邮：很多特别版 BE@RBRICK，一般只能在日本买到。所以，一般熊的经销商会强调日本直邮。一方面是增加信任度——从日本直接发货，肯定是正版（虽然可能是国内出口再转内销）；另一方面，直邮会有几种方法，例如包邮不包税，就是包日本寄至中国的邮费，但是海关的费用需要自己承担，大概是发售价的 13%。

二级市场：从官网或者其他网络渠道买。比如，通过朋友圈、闲鱼、得物等平台进行二次转售，就是二级市场。

原厂瑕疵：从官方买入，收到后本就有的微小瑕疵，就是原厂瑕疵。通常，你在闲鱼上买一只 1000% 的 BE@RBRICK，如果是外层牛皮纸箱都没有开过，原厂瑕疵都需要买家承担，如果是已经开箱的非全新，且卖家事先没有讲好瑕疵，就由卖家承担。

双盒：两个盒子，即外面的牛皮纸运输卡盒与里面的原装彩盒，后者上面通常会有防伪标签。通常双盒未拆的价格最高，单盒的要损失 10% ~ 20%，双盒全无可能要折损40% ~ 50%。

铁皮玩具与中国积木

从经济学的角度来看，艺术品具有有趣的双重性质。一方面，它们是"耐用消费品"或消费对象，因为它们能带来审美和非货币的观赏效益；另一方面，它们也是资本资产，像其他金融资产一样，随着时间的推移，价值会提升，从而产生回报。

——英国艺术经济学家 克莱尔·麦克安德鲁

在诸多文艺青年或"80后"的眼中，铁皮人除了具有怀旧气质之外，还是一件复古版潮流玩具。

"人人都有个铁皮人，我的不带入21世纪。"可以上发条的铁皮人，是七十年代生人不可抹去的一缕记忆，它与弹弓、滚圈、面人、魔方、邓丽君的磁带等一起构成了我们成长的文化符号。很多人的童年时代，拥有的铁皮玩具不过是一只上了发条会啄米的铁皮鸡，或者是那只会胡蹦乱跳的铁皮青蛙。至于铁皮太空人、机器人，像是今天的设计师公仔，有点儿奢侈，并非所有人都有机会拥有。

关于铁皮人的青葱记忆，我翻了很多书，诸如《我们的七十年代》《玩具之旅》《永恒的玩具》之类，并没有查到关于铁皮人的记载，偶尔看到讲"Tin Tin"的铁皮玩具，"这种童年玩意儿，老外称Tin toys，随着复古风潮的兴趣，却成了目前最IN的收藏品。用镀锡的铁皮所做成的铁皮玩具，最早可追溯到19世纪初的欧洲"。

中国曾经是铁皮玩具的生产大国，据说从20世纪50年代起，有不少于50家的铁皮玩具厂。生产铁皮玩具的工艺与技术其实相当繁杂，先要将设计好的各种图案印制在铁皮上，然后将铁皮裁切，再用冲床压型，最后装上机械发条，合拢铁皮，每个铁皮玩具通常要经过近30道工序才能完成。一般的铁皮玩具采用发条为动力装置，即使遇到一些需要发光的玩具，亦都不会采用二极管，通常都采用火石摩擦发光，是真正的传统手工技术精神的实践者。

铁皮玩具的黄金时代，大概是在20世纪的50年代至70年代。回头去看当年的铁皮玩具设计，无论是色彩、图形、工艺，还是创新、想象力，都显得朋克、另类、新锐，即便用今日眼光来看，亦是非常后现代、未来主义的艺术作品。尤其那些以 Robot & Space 为主题的铁皮玩具，贴切地表达了当时玩具设计师对于未来科技时代天马行空的想象，绝对是人类智慧的结晶；而那些类似于星战系列的宇宙飞船，对照今日的神舟飞天，堪称是中国人的太空初体验。

当马达、电池取代了发条与齿轮，成为功能型玩具的新动力源后，当塑料玩具逐渐克服单色、无法印刷等问题后，铁皮动力玩具便到了终结的时候。但没有人会因此觉得忧伤，就像磁带、胶片终究要唱响一曲《告别的摇滚》，铁皮玩具逐渐被更易量产、价钱更低的塑料制品所取代。到了今天，这些铁皮玩具厂关的关，停的停，转行的转行，而曾经遗留在我们家中的铁皮玩具，也因为不断出现的塑料玩具而失宠，状况好点的锈迹斑斑，差点的干脆被扔进了垃圾场。于是，习惯性语重心长的有识之士忍不住喟叹：二十年前曾完全占据国内玩具市场的铁皮玩具几乎在一夜之间消失得无影无踪！

然而，就像黑胶唱片的复兴，有一段时间铁皮玩具再度流行，甚至有潮流杂志给铁皮人写了个新的煽情广告词：从9岁到99岁的玩具。是的，时代不同了，当七十年代生人成了社会主流、精英分子、新中产阶级，他们热爱怀旧，崇尚波希米亚式生活，更重要的是口袋里多了一些闲钱，开始回过头去寻找正在消逝的旧日记忆。所以，尽管生产铁皮玩具的工厂只余下一两间，但铁皮玩具却成了品位生活的代表。曾经有新闻说铁皮机器人正在成为沪上白领们的新宠，网络平台卖铁皮玩具似乎成了热门职业，摇滚歌手将它放了唱片封面，动画片《机器人历险记》在推波助澜，新锐设计师将它放到了笔记本封面或T恤上，而德国的Kraftwerk 乐队干脆把自己装扮成铁皮机器人……

在时下的语境中谈中国式铁皮玩具，似乎绕不开一个人，一个玩音乐的人，他就是新裤子乐队的主唱彭磊，以前时常在报纸、杂志上看到彭磊收藏铁皮玩具的事迹：不但自己收藏，还曾专门在北京开了一间卖铁皮玩具的小店，甚至还在什刹海举办了国内首个铁皮玩具收藏展，300余件铁皮玩具一应展出，算是为铁皮玩具在中国的普及发挥了光和热。

早年间铁皮玩具忽然成为一种风尚，对于真正的玩家来说，是一场灾难的开始，连彭磊都忍不住说，现在某些店里一款铁皮机器人开价四五百元，他都买不起！是的，我也买不起，所幸我无意间走到了一家专门批发铁皮玩具的店铺，一口气买了N款不同的铁皮玩具。当然，主要是那些ROBOT机器人，就像其包装盒上印的那行字：

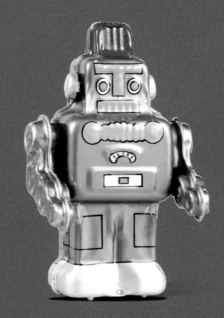

"这不是玩具，而是收集品。"

现在，那些铁皮机器人与我的另一款名为Robosapien的仿生机器人待在一起。我常常想，在夜深人静时，会不会真的发生《玩具总动员》一般的故事，这些机器人会不会试图去寻找属于它们的星球时代。

很难确定，未来铁皮机器人会不会成为非常流行的复古潮玩，但这种载体确实承载了很多人的年少记忆。在龙家升设计的Labubu精灵玩具盲盒里，出现了上弦步行公仔与上弦三轮车，同时也出现了类似于BE@RBRICK一般的积木公仔。

谈到潮玩，很多人会有疑问，以乐高、摩比等为代表的积木公仔算不算潮玩？答案似是而非。如果潮玩的定义宽泛一点，有些限定联名的乐高一定可以算是潮玩。乐高公仔作为全世界最受欢迎的玩具之一，传说是黑市硬通货的玩具，不但小孩喜欢，还因其益智功能而成为很多大人的最爱。星球大战、辛普森、小黄人、迪士尼、阿迪达斯……全球所有热门的IP大概都曾与乐高合作过，包括有中国文化元

素的"悟空小侠"。

　　作为全球玩具生产基地的中国，其积木品牌也开始摩拳擦掌，甚至有新闻说"下一个风口是'中国乐高'"，也有品牌打出了"中国积木"的旗号。曾经有一个名为"我最喜爱的国产积木品牌"的人气投票，出现了三十余个国产积木品牌。有媒体总结，"颗粒大小的选择较多、积木质量和设计水准逐步提升、品牌上新速度快、价格相对便宜且价格区间大、款式多样也不乏IP联名、购买渠道丰富等因素，都让国产积木逐渐被玩家看到，并且形成购买习惯"。

　　"被玩家看到"，倒是事实。阿童木推出70周年之际，拼奇推出了解剖版本的铁臂阿童木积木，上架即狂卖。很多玩家在小红书及微信群种草，觉得质量不错，又是正版授权，而且价格真的很实惠。

　　"形成购买习惯"，应该还在启蒙之中——也许在不久的未来会成真。由于积木市场横跨了儿童及成人两个群体，加之部分的乐高零件专利期已过，而且生产成本并不高，因此的确受到了资本的偏爱。国产积木品牌自身也非常努力，继单纯的模仿与致敬之后，开始走上了与动漫、电影、国潮、航天等IP的合作之路，而且擅长主打中国风——早茶、醒狮、江南水乡、财神、徽派建筑、戏剧等都以积木颗粒的形式成为玩家的新欢，像森宝积木的山东舰拼装模型、Keeppley的中国载人空间站积木在线上都有很好的销量。

　　现在中国积木发展的主流模式一种是授权模式，另一种就是自己开发原创IP。除了适合儿童的益智品类之外，有些积木品牌还从传统的潮玩品牌挖人，以期将潮玩的设计优势嫁接到积木，形成新的潮流美学。这也算是一个好的开端。例如AREA-X（x砖区），是一个全新的国内积木品牌，他们的品牌目标是聚焦于年轻群体对时尚多元化的娱乐需求，探索积木的更多可能性。简单来说，就是通过潮流艺术文化与积木产品的融合碰撞，打破常规与束缚，让灵感落地，把搪胶潮流玩具的一些造型IP用积木的方式来呈现，既是灵感力量，也是先锋态度。

　　积木市场很大，未来"钱"途不可限量。对玩家来说，现在应该已经是一个非常好的入场时机。但是，国产积木面临的困境也很多，因为大家已经形成了积木只有乐高好、其他都是"盗版"的印象，所以如何破圈已成为重中之重，由此衍生出很多问题，包括质量、设计、渠道及营销模式等。

BOX: McCarty PhotoWorks 的玩具创意摄影

买过一本玩具书，名叫 *DOT DOT DASH*，讲的也是设计师玩具。书的大卖点显然

是一些公仔照片，拍得很具艺术性。玩具真正成为图像的主角，融入日常生活场景，甚至

与周围环境或人物、灯光共同讲述现场故事，似乎玩具也成了日常生活的一部分。估计其

中很多图片都做过 PS，在后期做了很多装饰。这些图片说明了一个道理：无论是真人还

是公仔，只要用心，就可以拍出好的影像。一切的一切只需要两个字：创意。书末写了这

个摄影工作室的名字：McCarty PhotoWorks！再看他们的介绍，原来《连线》杂志、

BBC 电台都曾经采访过他们，实在是不简单。

元宇宙与NFT

在我经纪的艺术当中，作品的审核标准很明确：能否经得起拍卖市场等流通市

场的考验。

——日本艺术家 村上隆

如果说元宇宙是个虚拟的
二次元空间，NFT（非同质化代币）
项目似乎是应艺术与潮流而生。
NFT令牌证明一个数字文件是唯
一的"原始文件"。当你购买了
NFT时，就获得了资产不可篡改
的所有权记录，也获得了对实际
资产的访问权限，而这些资产可
以是任何东西。当下，它们大多
是数码艺术品或交易凭证。

艺术品的买卖，终于可以应用区块链技术来有序传承，从此再也不怕买到假货——问题来了，有货吗？可能并没有，只是一张网络上的JPG图片罢了。可是，对于潮人来说，这与花几十万买个印刷版画或塑料玩具，本身并没有特别大的区别。对于潮流界来说，花几十万美元买个打了马赛克的头像，这件事本身就特别潮。何况，村上隆、丹尼尔、KAWS、余文乐……这些活跃于潮流界的扛霸子，全部都有NFT了。如果你还没有NFT账号，还没有买过NFT作品，那么的确是OUT了。

看过一个视频，UP主解读NFT时说，如果你理解不了一个玩具要卖几千元，一张版画要卖几万元，大概永远也没法理解NFT。所以，我们姑且相信，NFT就是未来的潮流。

2017年诞生的区块链技术，可以理解为NFT的核心基础。NFT全称为Non-Fungible Token，中文翻译为"非同质化代币"。简单说，它就是唯一且不可相互替代、不可拆分的数字资产管理权，可以在链上流转。通俗地说，这是可购买的数字化商品。通过NFT技术，各种你想出售的视频、图像、音频、表情包、头像、Gif动

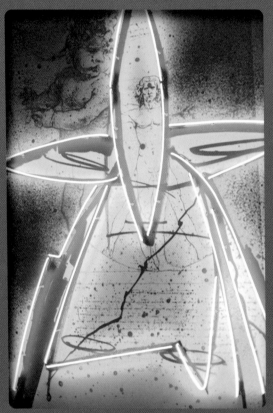

画，甚至一首诗——这些在现实世界并不一定真实存在的虚拟商品——都可以被制作成NFT。

2021年3月11日，被村上隆点名的数字艺术创作者Beeple的一幅NFT作品在佳士得拍卖行拍出6930万美元的天价,一举刷新数码艺术品的拍卖纪录,成为在世艺术家创作的第三高价的艺术品,彻底让NFT这个概念火出了圈。

一时间，万物皆可NFT。互联网的大佬与潮流艺术家都很兴奋。从马斯克到NBA，从可口可乐到迪士尼、漫威再到LV、GUCCI、eBay、Facebook，NFT成为新的掘金胜地。Twitter首席执行官杰克·多尔西（Jack Dorsey）以290万美元的价格出售了由他发布的第一条推文做成的NFT。球星勒布朗·詹姆斯（LeBron James）的一张"大灌篮"动图做成的NFT卖到25万美元。艺术家Chris Torres创作的"彩虹猫（Nyan Cat）"数字动画艺术品在NFT拍卖中以300 ETH（约合59万美元）出售。街头艺术家班克西（Banksy）的画作Morons（《白痴》）被画作持有者焚毁，并在Twitter上直播了全过程。该画作在被焚毁之前，被所有者利用区块链技术做数位化处理，保存了该画作的NFT。随后该NFT作品在OpenSea以约合人民币247万元的高价被卖出！

余文乐在自制的视频节目"Inside out"第2集中，分享了自己如何爱上NFT，甚至教大家认识这个网络上收藏和投资的新概念，并分享当中的乐趣和价值。他在"No Time Like Present"大获丰收，在拍卖会上就曾将自己IG的头像——分别是Larva Labs的CyptoPunks（加密朋克）88幅僵尸头像其中之一的#9997以及无聊猿（Bored Ape Yacht Club）中的#8746

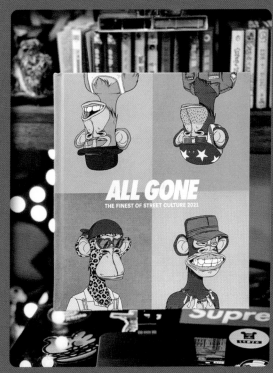

豹纹猿——拿出竞标，后者以约3500万台币成交，前者更创下高达约1亿台币的拍卖天价。余文乐很享受NFT带来的快乐，"NFT在我看来会是未来的大趋势，因为这代表了一个时代的模式"。

NFT在全球各地的玩法不同。中国也有NFT平台，有艺术家好友邓瑜在Bigverse上面发售了啵叽系列头像。我们非常认

真地进行过探讨，并且做了一次特别欢乐的尝试，将我的形象和iToyz的实体IP潮玩"Happy欢"与她的作品BOJIVERSE联名，玩了一次兔子系列的角色扮演，捆绑发售，既有虚拟又有实物——联合发行两款联名NFT，每款20版，每版均含实物玩偶一件。起初还担心会不会没有人买单，结果却是秒光……40版都不够VIP空投，只能发个推文"对不起，我们卖太快了"。

当然，初生的NFT也有很多问题，制作NFT需要大量用电，很不环保。现在，中国的很多互联网企业都尝试加入，淘宝、小红书、腾讯等都在进军这个快乐的圈钱"宇宙"。但很多人会担心这种联盟并不被公链所认可，而且你的密钥可能会被黑客窃取，就像周杰伦价值几百万的无聊猿头像在愚人节被盗，或者因为战争等不可抗力因素，你的NFT资产被平台强制捐助……

想象有一天，我们的潮玩与画作收藏再也不会占有实体空间，只需要在线上有一个设计考究的展示柜或展厅。简单来说，就像某些掌机游戏一样，你在网络上有一个家，而家里所有的东西都是通过NFT的方式获得。

你是一位潮流的引导者，还是一个成熟的"韭菜"？这是一个很好的问题。

而NFT要做的事，就是把空气卖出钱来。

潮玩的未来

艺术是这个世界上最大的宝藏，也是最永恒的。人类不在了，艺术还在。

——美国艺术家 让-米切尔·巴斯奎特

潮流玩具在国内的飞速增长吸引了资本的注意。毕竟，在新消费领域，潮玩是个全新的市场，有很大的想象空间，尤其是泡泡玛特在香港上市之后，资本一度疯狂，投资了很多名不见经传的潮玩品牌包括私人工作室。

潮玩的纵深发展让一些品牌会去日本、美国、西班牙寻找新晋的设计师、艺术家，他们在自己的国家可能并没有太大的知名度，被过度包装后在中国市场进行炒作。

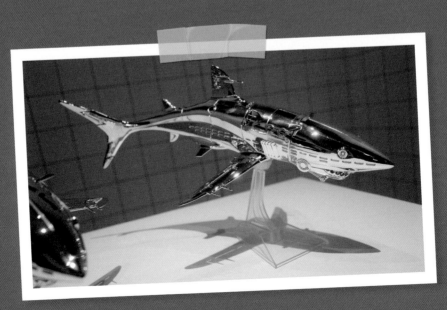

　　潮玩的泡沫一度吹得很大，仿佛成为新消费领域的黑马。但是市场很残酷，潮玩越来越多，市场却不能同步扩容，而且国内很多潮玩同质化严重。如果你曾经参加过潮玩展，会发现有半数以上的新晋品牌推出的盲盒类或者大娃手办，长相类似，毫无个性，看上去都很熟悉，却又叫不出名字——类似的模仿或致敬潮玩，毫无疑问会很快在市场消失。一窝蜂进入潮玩盲盒领域的品牌，因为IP不够有吸引力，销量少得可怜，库存难以消化，回本都很艰难，尤其在2021年出现很多盲盒跳楼价倾销。对于小工作室来说，盲盒的失败意味着创业的失败，毕竟开发一套盲盒的成本大多是百万元起。

　　在很多局外人眼中，盲盒就是潮玩，潮玩就是盲盒。在玩家心中，盲盒最多是潮玩的一个门类，大娃手办才是终极收藏。所以，也有一些品牌因为资金等问题，没有跟风杀入盲盒，而是一门心思地精心打磨，推出属于自己的大娃类藏品，坚持古早的做法，以限量、精品、创意来赢得玩家的欢心，等粉丝群体成熟以后，才应市场的需求推出盲盒产品。

　　一句话，盲盒只是潮玩路上的起点，终点是更大、更贵、更艺术。像BE@RBRICK，就以100%撬动市场，再以400%席卷市场，终以1000%攻城略地，成为潮流玩家的热门藏品。泡泡玛特显然也看到了这一点，推出了MEGA系列大娃——400%、1000%的SPACE MOLLY等大娃，并且推出了旗下的艺术机构inner flow——专做"年轻人的艺术品"，首次亮相于上海ART021，展出了LANG、没影、殷越、马轲、曾健勇、孙一钿和Ashley Wood等国内外合作艺术家的画作及雕塑作品。inner flow旨

在与全球画廊、艺术家联合打造高端艺术衍生品，开发的品类有版画、雕塑、潮流玩具、生活家居等收藏类艺术衍生品。

没错，潮玩是一个可以无限辐射的领域。一个玩家可能从盲盒开始入坑，在逐步了解潮玩或潮玩设计师之后买大只的手办；当手办也不能满足的时候，可能会去买艺术家的版画、原画或雕塑，甚至NFT这类收藏链条。

与此同时，潮玩还可以玩转异业结合。毕竟，潮玩只是整个潮流工业里的一个分支，只有与其他潮流或时尚品牌进行多方位的互动，才能达到相融互推的境界，形成一个完整的生态链。事实上，诸多潮流玩具品牌始终在与各大街牌进行多重的合作：MEDICOM TOY借助BE@RBRICK与全球各大潮牌都有合作；泡泡玛特将旗下的MOLLY、DIMOO、SKULLPANDA等IP授权给诸多时尚品牌，联名推出服饰、化妆品等；KIDROBOT也曾经与鳄鱼合作了波鞋秀；TOY2R早就与阿迪达斯有过衣服及波鞋上的合作……

在朋友圈，看到一位艺术家说，"所谓潮流艺术是不是就是画其他热门IP去赚钱？"这真的是一个好问题，因为像Death NYC或者Digiway这样的品牌，都会以各种致敬的方式推出由潮流IP集成的插图或版画。小小一张画面，可能涉及若干个未经授权的热门IP，包括但不限于米奇、KAWS、村上隆、奈良美智、Supreme、梦露、哆啦A梦、马里奥、辛普森、藤原浩、乔丹、皮卡丘、匹诺曹、波鞋……所有你能想到的或者渴望拥有的热门IP人物都集合在一张画上，以限量印刷的方式发售，价格通常在千元以上，你买还是不买？很多人会迷失，更可怕的是，很多玩家压根就不知道这些印刷画作的由来。一位粉丝曾经发给我一张村上隆与奈良美智邪恶小孩合体的Death NYC作品，问我值不值得收。我并没有提供答案，而是给她讲了Death NYC作品的运作方式，然后她果断放弃了，因为这与她想象的有很大区别，并不是真的村上隆大战奈良美智。

其实我并不介意一些艺术家在自己的作品里重塑一些热门IP，毕竟包括KAWS、Ron English、Daniel Arsham等大师级艺术家都会向热门IP致敬——像KAWS的米奇手，像Ron English的麦胖，像Daniel Arsham的米奇、皮卡丘。至于究竟是模仿、抄袭还是致敬，对于一般玩家来说很难区分。而我会去看作品是IP的简单堆叠、挪用、模仿，还是经过了艺术家的创新，把热门IP用自己的创作语言进行重塑——作品更多地展现自己的艺术风格，在某种程度上甚至可以超越原作。关于热门IP的挪用，曾经我问过一些艺术家，像Ron English就表示，如果有30%以上的不同，就可以视为作

品再生。你若还是无法理解，不如用一个简单的、未必准确却很实用的方式来判定：
如果作者是非常知名的艺术家，那么肯定是致敬；如果只是一个初出茅庐的学生仔，
那么即便是致敬，通常也会被视为抄袭。

　　所以，在致敬之前，先学会让自己成长，才是硬道理。

　　如果说潮玩的未来是艺术，那么对于中国市场来说，我们还有另一个机会。美国
潮流艺术玩具之所以空前火爆，其中一个很大原因是街头涂鸦战士们转阵潮玩市场。
一些殿堂级的艺术家，例如Gary Baseman等也积极加盟其中，将潮玩艺术推上了一
个高地。而中国的艺术品市场经历了空前活跃的时期之后，现在正在一个平静期，像
岳敏君、方力钧、刘晓东等优秀艺术家虽然已经受到国际市场的追捧，偶尔也推出一
两件潮玩，但市场反应一般。准确来说，国内很多纯粹的艺术大师们还没有了解潮流

玩具，或者说还没有打开自己的世界观，不知道怎么与潮玩打成一片。如果未来有潮玩品牌能更好地与之融合——像HOW2WORK与奈良美智近乎完美的合作，以几年推出一个树脂收藏品的方式来完成此类跨界合作，虽然发售价已经高达三五万元，但是因为只有300只左右的限量发售，并且发售方式非常严格，尽量卖到藏家手中，减少在二手市场的快速流转，所以增值空间非常大，已经脱离了玩具的范畴，成为真正的艺术品——那将成为推动中国潮玩发展的根本性力量，会吸引更多收藏艺术品的玩家参与其中。

大胆猜测，潮玩之后，版画、原画、陶瓷、滑板、NFT、生活用品都可能是今后的黑马。

主理人访谈录

第二章

论——主理人访谈录

从1999到2022年，潮流玩具这个小众流行，终于变成了大众化的潮流，

其中的沉浮，离不开诸多艺术家及品牌主理人的努力。

因应本书，我特别采访了数位见证潮玩行业成长的朋友，

他们的身份包括设计师、艺术家、主理人、收藏家，每一位都在这个行业深耕经年。

他们对潮玩、艺术行业的各种认知，

足以帮助我们解构潮玩行业的过往，并顺应时代去想象未来。

注：以下采访按字母顺序排名。

Chris Mak

中国香港

美光站创始人

Chris Mak：潮玩代表某个时代，它影响人的审美

我是一位出生于香港的"60后"。1985年，开始产品设计、手办制作的工作；

1990年，成立工作室；2001年，成立"美光站"；2002年至今，在内地开设公司、

工场、工厂。

美光站是一间产品设计及

手办制造公司，产品类别包括玩

具、电子、家品；也为博物馆、

商场、展览会创作及制作展示

品、美陈装饰品等；同时，承接

小批量生产各类产品。

您是从哪一年开始接触玩具的？是什么原因让您开始从事玩具事业？

我大概是60年代末至70年代初开始接触铁皮玩具的。70年代中，开始接触很多

漫画、电视动画及玩具模型，特别喜欢"汽车""军事模型"——有日本、美国、意

大利等制造的。

从80年代开始，很多日本手办模型、动漫人偶等产品进入香港，也有很多大胶

公仔，当时常用的制作工艺是吹塑和搪胶。90年代，我开始接触很多设计师的搪胶玩具，即现今较流行的"Art Toys"，在中国被称为潮玩。

以上都是自己所喜欢而又影响日后工作的经验！因为从小喜欢做手工，喜欢砌模型，喜欢创作……所以进入了"产品设计，手办制作"的公司，学习产品设计和样板制作。我的工作很多和儿童玩具、模型有关，还有大型美陈、橱窗装饰等。在我眼中，它们都是一件件的大、小玩具。

我们从2015年开始申请IP授权，自己创作潮玩产品，也更投入地爱上各式各样的玩具！

以前我们会将搪胶玩具、设计师玩具或艺术家玩具视作潮玩，现在因为盲盒等原创玩具的不断扩张延展了潮玩的边界。您对潮玩的定义是什么？

我个人定义之前的搪胶玩具会分为：

a. 因生产工艺需要"搪胶技术"而制造的儿童玩具；

b. 设计师、艺术家创作的"搪胶"玩具；

c. 盲盒（大部分采用注塑，小部分用搪胶制造）。

个人认为，现在流行的潮玩，a更偏向一个商业包装的名称，一个风口行业的

名称。很多产品被冠上潮玩，但它们的界线和定位都很模糊……其目的，似乎只想卖得更好！

b才是真正的潮玩，它具有原创性、个性化、稀有性，有收藏价值等！

c是大批量商品。因为它，市场变大了；因为它，很多设计师作品能展现出来；因为它，行业快速发展！但它也在野蛮式增长……未来后遗症可能也会有很多。

很多设计师或者艺术家可能会想要与美光站合作，想知道您从什么样的渠道挑选艺术家合作，您挑选的标准是什么？什么样的作品会是您特别想要做成玩具的？

美光站准备开展一个青年设计师及艺术家sofubi（一种pvc塑料材料）产品扶持计划，旨在为潮玩创作引来源头活水，注入新鲜力量，并解决设计艺术家们在生产制作上的难题，如拆件设计、模具优化及胶料品质选择等，还有他们在工业生产流程中遇到的问题。

我们的标准是优秀的创作，合作推动生产活力，有足够的创意和诚意就ok了。我们的目标是扶持青年成长，同时发展美光站潮流艺术创作平台。

当下，由于潮玩市场的持续扩张，玩具设计的门槛变低，创意雷同性增高，可能会影响玩家的热情，您如何看待这样的事情？

这是"中国风口模式"——资本+短期获利的生意人+聪明的创作人，这需要一个过程……之后汰弱留强，然后便是百花齐放，带动中国优质的潮玩发展。玩家的热情自然也会回来！

隐藏版、限量版因为稀缺性通常会被市场炒高，您如何理解此种现象？

人性如此，喜欢稀缺的、有价值的。这是必然！

因为盲盒的流行，潮玩在中国市场有着巨量增长，能否判断一下接下来会流行什么，雕塑、原画、版画或者其他？

能像盲盒那样受欢迎，要有以下几个因素：

有个性、好玩、潮流、便宜，朋友之间认同，等等。

很难判断之后流行什么，我自己在不断创作中，希望有流行品类给大家惊喜！

潮玩除了是一种收藏品，未来还有哪些可以拓展的领域？

把潮玩带入衣食住行的生活！我们也正在往这方面进行开发，简单来说，就是IP与家居类的融合。

我们做了一个调查，很多玩家都想知道的一个问题：品牌对于潮玩的定价策略是什么？

潮玩产品的定价策略会考虑多种因素，如目标受众、IP价值、产品属性、潮玩的限定数量，当然还有收入目标。

由于我们美光站大部分产品是国际一线IP授权，并且限量生产，成本分摊的空间较少，所以产品的定价一般会在中高端。

现在这个看上去很火的潮玩市场，在发展的20来年里有高潮也有低谷，促使您在这个行业坚持的动力是什么？

潮玩离不开创作，我喜欢创作新奇的东西，所以我非常热爱这个行业，享受每一天的工作（生活）。

作为一个品牌主理人，您的困惑是什么？

既要保持品牌风格及产品特色，也要持续创新！

如果之前推出的设计师或者作品在一段时间内没得到市场肯定，您会选择继续坚持，还是会寻找新的IP形象？

如果市场未能接受，先要了解原因！其次要制作大众喜欢的产品，除需要顺应市场，还要再加些惊喜；制造有价值的、收藏级的精品和艺术品类。最终，还是要结合设计师自己的创作风格，进一步推广至市场。

您是希望以后玩具都是由大的IP公司运作，还是推崇个人或小型工作室操盘？两者之间的差异性是什么？

两者都要。在大IP 里，有很多人的回忆及热爱，是客户的好伴侣、喜好等。

个人或小型工作室的出品如果有独特性、创造性，必然能吸引同道中人喜欢这些与众不同的潮玩！

您有没有特别喜欢的设计师，或者是否受到过一些设计师或艺术家的影响？

当然有，很多！但大部分是其产品设计，而不是玩具类。

您觉得潮玩在当下受欢迎的原因是什么？

对于玩家来说，是童年回忆、心灵治愈、空间装饰，以及粉丝、流行、保值藏品等；

对于商家来说，资本市场推动的商业产品，产业化使市场变大！

作为一个资深的潮玩收藏家，您自己现在还会收集玩具吗？通常会收集哪些玩具？

作为一个资深的潮玩收藏家，您自己现在还会收集玩具吗？通常会收集哪些玩具？

收集，但很少量，例如Dior×KAWS和自己创作的"莫斯马克"系列。

在您推出的作品或私人藏品里，您最喜欢的三个玩具是什么？

莫斯马克米奇，可拼、砌的玩具（未推出），Dior×KAWS。

对于一个刚刚入门的潮玩玩家，您有什么好的收藏建议？

首先，最重要的是自己喜欢；其次，收藏大IP的周年限定款，带编号；最后，收藏知名艺术家的限定，带亲笔签名。

对于一个想进入潮玩行业的设计师或者品牌主理人，您有什么创业建议？

2022年，潮玩行业面对很多困难，创业建议不敢当。设计上要创新，有个性，或者有自己的品牌风格。只有使玩家、客户产生共鸣，才能打动他们！

全球都在讨论NFT，您对此的理解是什么？美光站会加入元宇宙，推出NFT相关作品吗？

NFT，我对其的一个理解是：使货币容易流通的商业模式。它有无限可能性，我们还在摸索中！而且，美光站已经推出NFT产品。

如何判断一个玩具有没有好的升值空间？

如果只是玩具，喜欢便可以呢！

如果要有升值空间，那大IP、知

名艺术家、知名设计师+限量款、编号、签名、稀有的叠加更有保证！

关于潮玩对生活的影响，您有什么特别的理解？

它代表某个时代，它影响人的审美，它也创造了很多工作机会！

对于您来说，美光站终极追求的目标是什么？

希望美光站能成为百年品牌，持续创造有价值的东西，创作有影响力的物品！

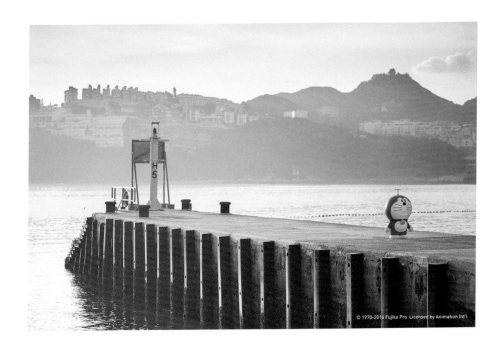

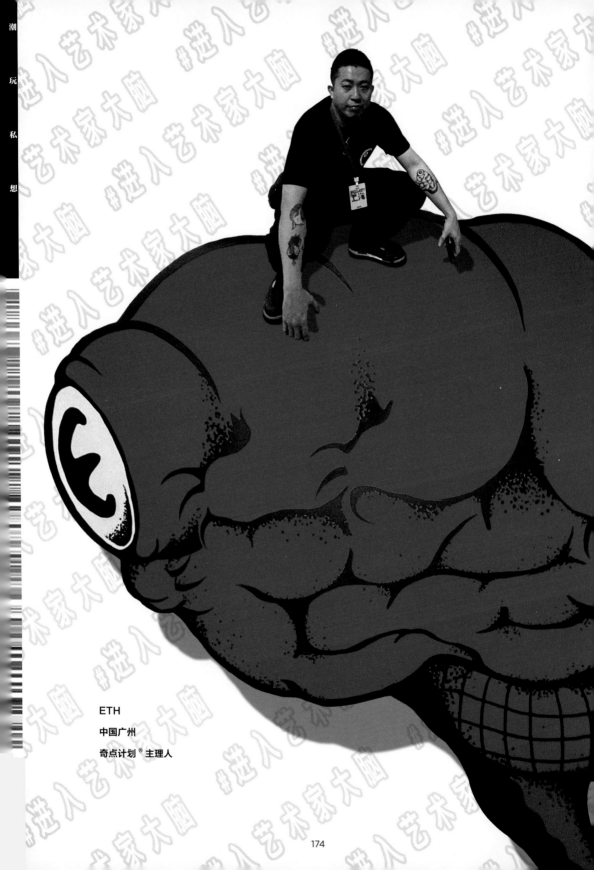

ETH

中国广州

奇点计划®主理人

ETH：在画的面前放一只穿梭出来的实体化的玩具，那是多么美好

大家好，我是ETH特，是一名创作者。"奇点计划®"SINGULARITY PLAN®是一个艺术厂牌，主要的艺术项目有奇点艺术节、奇点计划®画廊、SINGULARITY PLAN®玩具厂牌等，旗下去年还增加了and more beer精酿啤酒的项目。

我们在2013年做了大脑热气球工作室，2014年开始做实体店并且售卖身边一些创作者版画作品和独立插画、漫画作品，也是从那时候开始了解到国外的独立插画、漫画艺术节。当时国内这块还比较空白，我们有非常多优秀的创作者和作品很难被大家所了解到，所以从创作者的角度来说，我希望国内有一个平台能让独立美术创作者去展示自己作

品。与此同时，我自己本身也喜欢收藏，我想做一个自己可以逛的，属于我们中国的

独立插画、漫画艺术节。基于这一切，我在2014年就开始萌生出要做独立插画、漫画

艺术节的想法，2017年第一届奇点艺术节正式落地并且成立奇点计划®品牌。

您是从哪一年开始接触玩具的？是什么原因让您开始从事玩具与艺术事业？

关于艺术玩具最早接触的算是sofubi的怪兽类玩具，大概是在2009或2010年。我平时主要是做美术类的创作，创作主要还是在平面。在慢慢收藏玩具的过程中，我觉得如果自己绘画里的角色可以从二维世界跳到三维世界会是一件挺酷的事，所以2018年就做了自己的第一只玩具，玩具对于我来说算是多了一种创作的表达方式。

以前我们会将搪胶玩具、设计师玩具或艺术家玩具视作潮玩，现在因为盲盒等原创玩具的不断扩张延展了潮玩的边界，您对潮玩的定义是什么？

潮玩是外界的定义，是基于流行文化把潮流和玩具相结合的总结，并不是一个外形或名称就能简单定义的，但凡能带起时代波浪、能引起内心共鸣、能影响一批人的玩具作品都可称之为潮玩。我们当下正处在这个流行文化中。对于创作者来说，个人的定义没太大意义，你是否能成为弄潮儿其实不以个人的意识为转移，作品才是硬道理。

很多设计师或者艺术家可能会想要与奇点艺术节合作，参加展览，想知道您从什么样的渠道挑选艺术家合作，您挑选的标准是什么？什么样的作品会让您特别想要它们出现在奇点艺术节展览现场，甚至想把它们做成立体的玩具？

奇点艺术节的核心是独立插画、漫画、美术，是绘画类艺术节，而不是玩具展会。在这个前提下，我们会选择更有逻辑性的作者和更有系统性的绘画作品。就跟前面提过的一样，在我看来玩具是一种创作的表达方式。如果要做玩具，我们会关注一些优秀美术绘画作品，尝试把绘画世界里面的二维角色实体化、立体化，也就是所谓的艺术家玩具。想象一下，家中有一幅艺术家的原画或者版画，在画的面前放一只穿梭出来的实体化的玩具，那是多么美好。

当下，由于潮玩市场的持续扩张，玩具设计的门槛变低，创意雷同性增高，可能会影响玩家的热情，您如何看待这样的事情？

是的，感觉这是高速发展的必经阶段，急于求成的功利性肯定会带来同质化，这势必会影响玩家、藏家的热情。做作品不应该把市场作为导向的，做一款市场需要的商品与做一款想表达自己内心世界的作品，这两者有着本质区别。当然也并非所有都这样，还有很多很好的创作者的作品是良性竞争的。热爱艺术的我们应该多关注这批用心的创作者，并给予他们支持，千万不要出现劣币驱逐良币的场景。好的环境是由创作者和藏家观众一起打造出来的，我相信会越来越好。

隐藏版、限量版因为稀缺性通常会被市场炒高，您如何理解此种现象？

这要看目的性。隐藏和限量版本来是为了收藏的趣味性，但如果只是人为造成稀

缺而带动二级市场炒价就没劲了，结果都不是在聊玩具，而是升值空间。

因为盲盒的流行，潮玩在中国市场有着巨量增长，能否判断一下接下来会流行什么，雕塑、原画、版画，或者其他？

收藏潮玩是个艺术收藏入门的好方式，相比其他品类较为容易入手。原画、版画、雕塑、艺术家具，都会是接下来的热门，或者说其实一直以来都是在流行中的。只是相比以前，艺术收藏更加普及化，年龄层也更年轻化。通过奇点艺术节也可以很直观地观察到这个趋势。

数字化艺术品也会是大热点，我们可以拭目以待。

潮玩除了是一种收藏品，未来还有哪些可以拓展的领域？

实用性上，我觉得潮玩更多地融入老百姓的居家生活或者户外生活是很有意思的。比如艺术家具除了艺术观赏性，还兼备使用功能，更贴近人与生活。将艺术品摆放在艺术品家具里多好，其实早在一百年前包豪斯就已经开始这么做了。

我们做了一个调查，很多玩家都想知道的一个问题：品牌对于潮玩的定价策略是什么？

不同层面的品牌，其定价策略肯定会有不同。我们属于小的独立品牌，所以不太会从商业定价策略考虑。我们核算产品的定价主要是考虑创作、制作、时间的成本，在此基础上希望价格更亲民，不会让人望而却步。能把我们产品卖给更多真正喜欢它们的人会让我们比较有成就感。

现在这个看上去很火的潮玩、艺术市场，在发展的20来年里有高潮也有低谷，促使您在这个行业坚持的动力是什么？

从个人来说，我本身是个艺术从业者、创作者，这是我生活、生命的一部分，跟呼吸一样。从奇点计划®奇点艺术节这部分来看，我们一步一步走来会有一些责任感，希望力所能及帮到一些绘画创作者，并给这片土地带来更多更好的文化和艺术的氛围。

作为一个侧重于新生代艺术家的品牌主理人，您的困惑是什么？

我说的可能不对，但感觉在这个时代我们大家都不自觉地太快了，你不想跑都被带着跑。所以我希望可以稍微放慢脚步，创作不是赶作业。

您是希望以后玩具都是由大的IP公司运作，还是同样推崇个人或小型工作室操盘？两者之间的差异性是什么？

都要有。有些作品可以交给大的公司，因为制作、生产、销售会消耗大量的精力，这样可以节省自己个人的时间，把更多的心思放在创作上面；有些希望更加私人化独立表达的作品可以在自己工作室独立完成。比较大的差异性应该在于：大公司是庞大的机构，需要有良好的商业模式，盈利是必须的，不然不能运转下去；个人工作室上还是会比较倾向于艺术家的表达，当然也需要活下去，需要权衡。两种模式可以相结合。

您有没有特别喜欢的设计师，或者是否受到过一些设计师或者艺术家的影响？

当代艺术家马良老师，他对我最开始的创作思考方式有很大影响，像是一盏明灯。

日本的独立漫画家逆柱老师，他画了大量的漫画和架上油画作品，他的漫画绘画作品有着非常独特的世界观，偶尔出一款玩具也是从画里走来的小怪物。

您觉得潮玩在当下受欢迎的原因是什么？

首先肯定是感谢这个和平年代，赋予我们可以追求精神文化生活的机会。玩具是单纯的、是讨喜的，没有负担，摆在一个空间内会带来幸福感。加上大家的审美能力在不断提升，大家都有属于自己的生活方式和审美趣味，这就会带来更多的艺术生活追求。

您自己现在还会收集玩具吗？通常会收集哪些玩具？

有呀，除了一直购买各种哥斯拉和一些怪兽玩具外，我主要是收藏一些从绘画艺术家画里制作出来的玩具，把画和玩具放一起。

在奇点推出的作品或者您的私人藏品里，您最喜欢的三个玩具是什么？

太难选啦，我要选多点，因为远远不止三款，奇点计划®推出的我都超级喜欢，我得全选，哈哈。除了我们自己的玩具，私人收藏里有擦主席的须弥山、m1号的120cm卡内贡、oneup推出的zenith，其实还有更多，没有前三，我只买自己喜欢的。

对于一个刚刚入门的潮玩玩家，您有什么好的收藏建议？

我自己比较推崇收藏有故事背景的玩具，有血有肉的角色。比如，奈良美智的小女孩。

对于一个想进入潮玩、艺术行业的设计师或者品牌主理人，您有什么创业建议？

创业建议这个真不敢说，因为艺术的初衷不是创业。不过不管在哪个行业，都要在能活下去的前提下，选择自己真正所热爱的，然后在里面发光发热。

全球都在讨论NFT，您对此的理解是什么？奇点会加入元宇宙，推出NFT相关作品吗？

或许跟当年电影刚出现一样，新鲜未知总是会带来轰动。艺术的本质是不变的，随着科技的不断进步，艺术和科技会更加紧密地结合。NFT数字化艺术的出现，对于创作者来说只是又多了一种艺术表达方式，不管是泡沫还是希望，尝试新的创作方法都是添加技能点，不跟风的情况下是可以多研究的。我想我们先会保持了解，准备好了再进入。

如何判断一个玩具、一件艺术品有没有好的升值空间？

升不升值不清楚，但好的作品跟作者本身有蛮大关系，主要是看创作者有没有结

合自己的人生观、知识储备、生活感悟来赋予自己作品一套独特的世界观。收视率再高的肥皂剧也不能和《2001太空漫游》《星球大战》《异形》的宇宙观比，因为我们要有理想追求。

对于您来说，奇点计划®终极追求的目标是什么？

人可以生活在艺术和科技完美结合的环境里。其实最重要的还是踏实做好眼前的事情，未来的畅想在将来。

EDDI
中国上海
adFunture 主理人

EDDI：说到底，玩具能为我们带来微笑

请介绍一下您与adFunture，另外能与我们分享一下您作为品牌主理人的经历吗？

　　adFunture是一家在2002年创办的艺术玩具公司，主要是跟不同国家的设计师、艺术家合作推出潮流艺术玩具。

　　我们也比较专注与街头艺术界的朋友们合作，所以也有幸与一众涂鸦大师有过合作。这么多年间，我们涉足的还有展览、零售店、跨界设计及平面/立体/数字作品的出品。到了今天，我会说adFunture是一家潮流艺术内容公司，玩具只是它的一部分。

您是从哪一年开始接触玩具的？是什么原因让您开始从事玩具事业？

80年代初，我开始接触《星球大战》中的玩偶，非常热爱，这也影响了我们这一代喜欢角色设定与玩具的人。后来在2000年，我从多伦多回到香港生活，确实需要重新规划我的事业。而那时候在香港，已有前辈在开展潮流玩具这一块的业务，启发了不少香港设计师也加入这个圈子。而且我发现，因为我们中国在生产方面的便利，中国设计师是很容易尝试这一新兴行业的，但外国设计师尝试就比较难了。所以，我也想得很简单，就是把从小对玩具的热爱与自己喜欢的艺术创作结合在一起，与不同国家的设计师合作，制作一些小众玩具收藏品，目标客群也是一个小众的人群。对于无法生产自己玩具作品的外国设计师们，adFunture刚好成了他们的桥梁之一。通过与adFunture合作，他们的平面人物设计也能转化成立体实体玩具。也因此，adFunture的艺术家名单基本上都是欧美艺术家。但adFunture也不是一个制作工厂的角色，因为每个项目的内容与设计都是双方一起完成的，里面有双方的想法与设计，所以每个项目都是一个合作设计的结果。除了跟各地艺术家合作，我们工作室也会有自家设计的作品。久而久之，所谓的品牌也形成了。

以前我们会将搪胶玩具、设计师玩具或艺术家玩具视作潮玩，现在因为盲盒等原创玩具的不断扩张延展了潮玩的边界，作为潮玩界的前辈，您对潮玩的定义是什么？

这些都只不过是标签。也正是因为我们尝试把一切标签化，致使内容越来越乱，内容质量也越来越参差不齐。对我个人而言，潮玩应该有以下要素：独立设计师或艺术家的作品，不是电影/卡通的周边；潮流领域相关品牌的出品，造型独特有想法，有街头文化元素就更好了。这些要素，是我看待一款潮玩时会去关注的。限量倒不是重点。搪胶，只是一个材质，不是全部搪胶玩具都是潮玩。最基础的奥特曼玩偶也是搪胶做的，DC的蝙蝠侠雕塑也有用树脂做的，但它们还是动漫周边类，所以，不应该用材质来定义它。而潮玩这个词，现今已经是跟潮牌、国潮一样的存在。

很多设计师或者艺术家可能会想要与adFunture合作，想知道您从什么样的渠道挑选艺术家合作，您挑选的标准是什么？什么样的作品会是您特别想要做成玩具的？

20多年来都一样，讲缘分。我们只做我们喜欢的设计，或艺术家本身在推广一个概念时我们是否赞同。说真的， 没有什么标准。来到这一领域， 其实我们不是那么商业的。我的态度一直都是如果连我都不喜欢，那我做它出来干吗呢。当然，这是非常个人的，不是说我们喜欢与否就等同于对方的作品是好是坏。我们不喜欢的，可能别人会非常非常喜欢。喜欢你作品的人工作起来会更用心，这很正常。

当下，由于潮玩市场的持续扩张，玩具设计的门槛变低，创意雷同性增高，可能会影响玩家的热情，您如何看待这样的事情？

不是可能，而是正在发生，且太多了，大家明显已经审美疲劳了。也正是因为这些忧虑，我们过去三年没有尝试踏入那个战圈。我们还是按我们自己的那一套思维，保持低调地存在。我们依然只做少量的小众作品——有个性、识辨度高，不喜欢的人居多，喜欢的人非常喜欢，这样就好。整个市场它有一个过程，等它走完一圈，剩下的就继续好好做就行了。每个新兴行业都一样，潮流玩具也不例外。

隐藏版、限量版因为稀缺性通常会被市场炒高，您如何理解此种现象？

这是收藏人群的正常心态。人人都有的东西，你的收藏热情自然就会减退。本来就是一个讲求个性的东西，哪怕说到服装、球鞋，道理也都是一样的。稀缺性造就溢价空间，愿者买单。在日常生活中，我自己也会有这样的消费习惯。这没有对错，如果去到NFT世界，这个现象就更突出了。"拥有"在心理上是有另一层价值的。它的价值，不是由卖的人去定义，而是买的人。

因为盲盒的流行，潮玩在中国市场有着巨量增长，能否判断一下接下来会流行什么，雕塑、原画、版画，或者其他？

接下来应该是NFT了。

潮玩除了是一种收藏品，未来还有哪些可以拓展的领域？

大家的生活已在迈向数字化。玩具的下一个拓展领域应该会踏入虚拟世界，即可以让大家手上的静物动起来的空间。收藏品本身也是可以被数字化的，这一块我们已经在做了，我能预见它的普及性将大大提升。

我们做了一个调查，很多玩家都想知道的一个问题：品牌对于潮玩的定价策略是什么？

对于我们公司，只有两个方式。第一个，按一切成本总和往上算倍数。要考虑到不同商业模式的需求，当中确实需要预留空间给商家折扣与公司基本利润。第二个做法，倒推。要让商品在市场中拥有竞争力，一般要参考同类商品大概多少钱，这就是你新品的目标定价；一切成本、折扣、利润，都要从那个价格倒推，压下来。

现在这个看上去很火的潮玩市场，在发展的20来年里有高潮也有低谷，促使您在这个行业坚持的动力是什么？

我会说是我对玩具与艺术的热爱吧。20多年来，虽然确实有其他不同行业可以更赚钱，但我宁可在其他领域做出新尝试，也不愿把简简单单的adFunture搞复杂。

作为一个品牌主理人，您的困惑是什么？

我其实没什么困惑。安于不温不火的现状，心安理得地躺平。

如果之前推出的设计师或者作品在一段时间内没得到市场肯定，您会选择继续坚持，还是会寻找新的IP形象？

我基本上不太理会这些。我们之前一直是不采用预售模式的，意思是我们会把产品完全生产出来，才宣布我们有这个商品即将发售。我们的产量不按订单量来决定，推出后卖完也不增发，卖不完就处理掉，而且我们一般只出一个艺术家的两三款合作品，所以在市场真正的反馈出来之前，我们基本上也做完了。因为我们不断有不同的IP排着，所以我们只会按我们自己的时间表做事。当然，这是因为我们深信自己喜欢的设计，自然也会有足够多的人同样喜欢它们。

您是希望以后玩具都是由大的IP公司运作，还是同样推崇个人或小型工作室操盘？两者之间的差异性是什么？

我不抗拒大公司出玩具，只要能保持调性，我觉得没冲突。个人或小工作室必须也要有，因为他们能更加天马行空地创作，没有所谓大公司的顾虑，他们的作品会更有个性。小型工作室与大公司的压力标准会很不一样，运营机制当然也会有差异。很多设计，所谓大公司是不敢发行的。

您有没有特别喜欢的设计师，或者是否受到过一些设计师或者艺术家的影响？

我喜欢的艺术家还蛮多的，Andre、Jose Parla、Dave Kinsey、Flying Fortress以及DELTA我都很喜欢。我最喜欢的是Futura。他们都有影响我与adFunture的一些发展。他们大部分也已经跟adFunture合作过了，他们教会了我们坚持风格、重复视觉的重要性以及如何在产品中加入细节使其产生变化，如何让作品表达意识；更重要的是，怎样展现一个值得尊重的艺术家该有的态度。

您觉得潮玩在当下受欢迎的原因是什么？

不说炒卖那些事的话，我觉得现在受欢迎的原因之一是大家的生活压力都很大，而人们从玩具中找到了治愈的力量。让自己陶醉在一堆玩具当中，也可以暂时忘记日常中的小烦恼。打开盲盒的瞬间也能让朋友们在一天的忙碌当中找到那片刻的小惊喜。说到底，玩具能让我们微笑。

作为一个资深的潮玩收藏家，您自己现在还会收集玩具吗？通常会收集哪些玩具？

我还是会收集自己喜欢的玩具。《星球大战》Boba Fett的周边我持续收集。

Futura与Andre的作品我也会尽可能多地收藏起来，虽然现在也不容易了。

在您推出的作品或私人藏品里，您最喜欢的三个玩具是什么？

Boba Fett元年的KENNER3.75寸人偶和12寸人偶，还有Mo'Wax第一代Futura's Pointman人偶。

对于一个刚刚入门的潮玩玩家，您有什么好的收藏建议？

我一般会建议选择自己喜爱的设计师或艺术家，然后收藏他们设计的玩具作品，而不要盲目跟风，看到哪个贵就买哪个或什么网红款。收藏的价值不一定是短线的变现。

对于一个想进入潮玩行业的设计师或者品牌主理人，您有什么创业建议？

想做就去做，但入行意味着它是一门生意，那就要考虑清楚自己的产品能否在这个已经饱和的市场上突围而出。如果觉得这是一条赚钱的捷径，那可能就要三思了。

全球都在讨论NFT，您对此的理解是什么？adFunture会加入元宇宙，推出NFT相关作品吗？

NFT的用途有很多种，而其中一种刚好符合收藏类产品，所以adFunture已经着手往这方面发展。我们也只不过是从2021年11月开始做，所以也不算做得早的那一批。但我们了解到整个市场现在只是刚刚开始，它的未来空间还是很大的。短期内，虚拟作品与实体作品没有冲突，可以共存，但虚拟藏品取代实体是早晚的事。当然，实体玩具的存在还是有它的价值。我还是向往能拿着一个玩具在手上把玩的感觉。但说到藏品，就有一点不一样了，不论是名画还是玩具，让很多收藏家在意的都只是

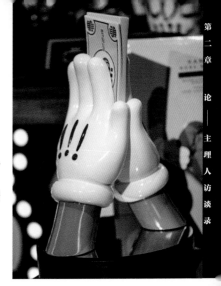

"拥有"，他们往往是不碰那些实物或可能全部都放在一个大仓库里的。对他们而言，藏品也可以是一个无形的数字资产，那NFT是适合他们的。

如何判断一个玩具有没有好的升值空间？

我不知道。

关于潮玩对生活的影响，您有什么特别的理解？

潮流服装也好，潮流玩具也好，我自认为最重要的是能取悦自己。我穿我喜欢的那款球鞋及有认同感的服装，看着我觉得酷的玩具，为的是自己而不是别人。不论潮流不潮流，它都要为我的日常生活带来一点色彩。

对于您来说，adFunture终极追求的目标是什么？

说实话，没什么终极追求。能继续随心所欲地跟自己喜爱的艺术家合作出一些彼此觉得满意的作品，找到同样喜欢它们的收藏家们来收藏它们，细水长流，就可以了。规模大小不重要。这么多年来我见过不少大起大落，现在心态非常平和，创作过程开心就好。

Guenther Hake

德国

迪士尼大中华区消费品部前高级副总裁，董事总经理，东方梦工厂首任 CEO，现任 MINDstyle CEO

Guenther Hake：迪士尼在中国的成功，是建立在 70 年代米老鼠在央视播出时所建立的情感联系之上

能不能与我们分享一下您的工作。

我在耐克、可口可乐和迪士尼等全球品牌公司工作了30多年。在迪士尼期间，我曾在德国和大中华区工作。

十多年前，在流行艺术玩具兴起之前，你曾担任迪士尼消费产品高级副总裁，请与我们分享一下当时在中国的经历。

迪士尼在中国的成功，是建立在70年代米老鼠在央视播出时与观众们建立的情感联结之上，也因此迪士尼成为家喻户晓的名字。在2008年至2013年我任职期间，我们推出了迪士尼公主和漫威，成功是缘于我们与优秀的中国授权商共同推出引人注目的产品。那时中国的玩具消费总体上没有世界其他国家占比那么大，因为中国父母更喜欢投资文具、教育产品。大约5年前，随着中国中产阶级的壮大以及越来越多的年轻人对收藏玩具感兴趣，这一切都发生了变化。

作为知名的IP专家，在您担任东方梦工厂CEO时，中国的IP授权主要出现在哪些领域？

在我任职期间，中国的IP变现主要是基于IP授权和电影院上映的电影收入。在过去的10年里，中国成为世界上竞争最激烈的市场之一，替代IP的数量，特别是在游戏、竞技游戏和本土原创方面呈爆炸式增长。

在您任职期间，您负责哪些IP？

在迪士尼和东方梦工厂任职期间，我在中国主要负责的IP是迪士尼的米老鼠、小熊维尼、迪士尼公主等角色，以及漫威（专注于钢铁侠和蜘蛛侠）、功夫熊猫和驯龙记的推出。

潮 玩 私 想

作为很多品牌的顾问，您在中国还与其他哪些 IP 合作过？

其他我合作过并深得我心的IP，是中国原创的喜洋洋和兔斯基——奥飞动漫和华谊兄弟的IP组合。

您最喜欢的 IP 玩具有哪些？

作为一名收藏家，我有相当多的收藏，所有极具创意和启发性的东西都会引起我的兴趣。我之所以专注于米老鼠收藏，是因为我曾在迪士尼工作过，而且许多设计师也在他们的艺术和创作中使用米老鼠。对于我来说，它代表着幸福。我收集的另一个IP角色是小丑。对我来说，它代表邪恶，并提醒我们，每个人多少都有邪恶的一面，我们需要学习控制。

您最喜欢的艺术家玩具有哪些？

我很幸运能和MINDstyle的MD Young一起共事超过5年，我们是10多年的朋友。在 MINDstyle，所有与我们合作过的艺术家和IP都深得我心，并且他们的作品都在我的收藏中。我最大的收藏是被称作"街头艺术教父"Ron English的作品，当然还有Michael Lau的作品。同时，每当我看到有创意的本土原创作品时，我也很兴奋。

你最喜欢的艺术玩具有哪些？您最近收藏了哪些艺术玩具？

Ron English的自由女神雕塑和Michael Lau的教父。

我添加的最新玩具是一套很难找到的70年代老式米老鼠公仔。

您好像很喜欢绘画？

是的，我非常喜欢绘画，我的目标是让它成为我生活中非常重要的一部分。现在，我在追随自己的激情。

您对玩具设计师或新艺术家有什么建议？

找到你的风格，聆听内心的声音，尽可能达到理想的目标，并通过学习寻找未来的艺术之路。

最后，您如何看待中国的新一代设计师和艺术家？

我一直相信，来自中国的创意和品质会爆发并走在全球前列，这只是时间问题。现在是中国创意、收藏品和文化产业发展的最佳时机。

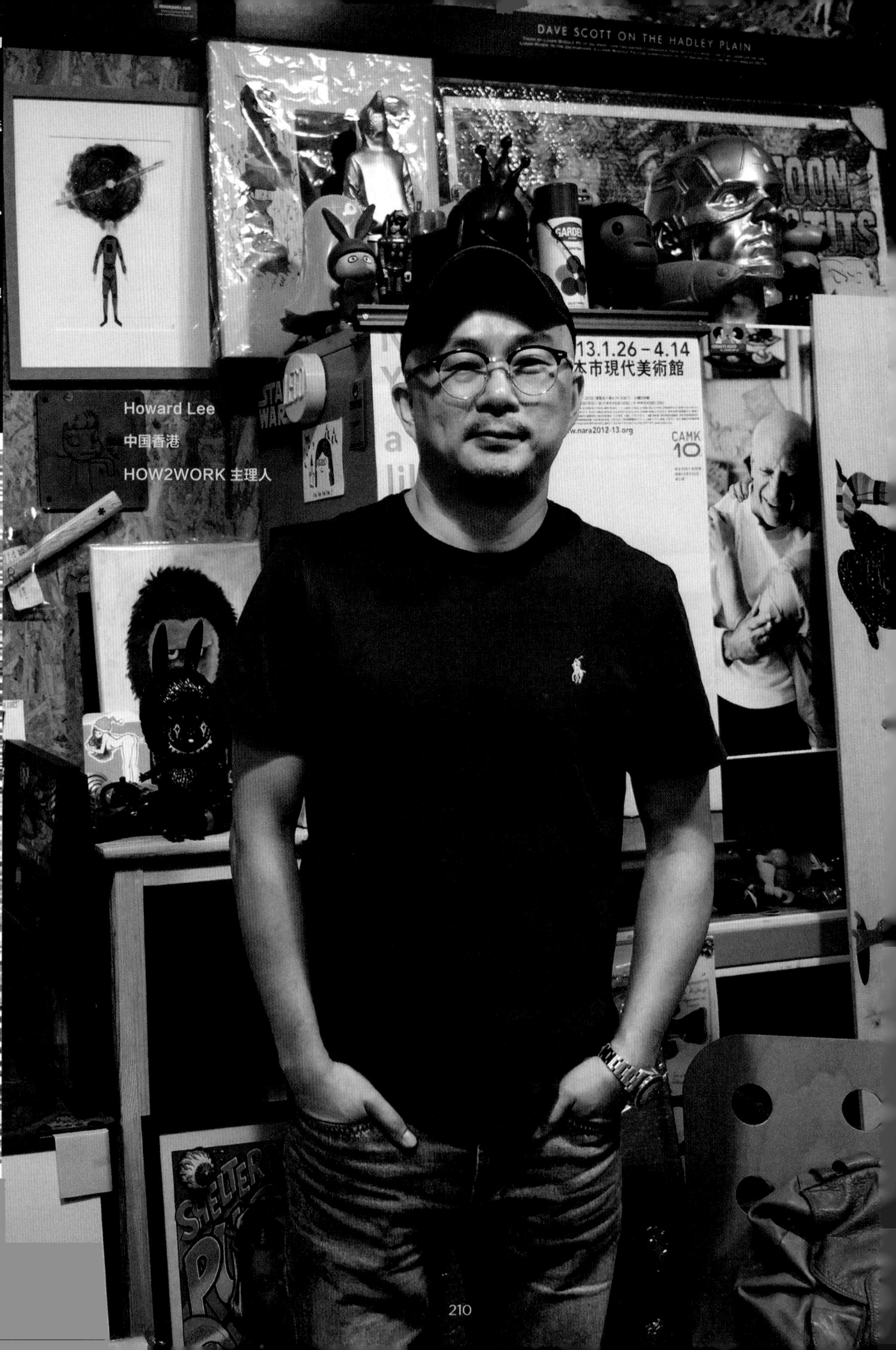

Howard Lee

中国香港

HOW2WORK 主理人

Howard Lee：可能大家也会比较有兴趣知道奈良美智对我的影响吧

请介绍一下您与HOW2WORK，另外能与我们分享一下您作为品牌主理人的经历吗？

我于2001年成立HOW2WORK。在此之前，在香港漫画公司做设计部总监。

您是从哪一年开始接触玩具？什么原因让您开始从事玩具事业？

我好像从有记忆开始就有接触玩具，哈哈……

在漫画公司工作时，我开始接触玩具开发，并认识了多位玩具设计师。在HOW2WORK成立初期，刚好赶上设计师玩具的第一个浪潮，顺理成章地开始参与玩具制作，算是一起成长吧！

以前我们会将搪胶玩具、设计师玩具或艺术家玩具视作潮玩，现在因为盲盒等原创玩具的不断扩张延展了潮玩的边界，您对潮玩的定义是什么？

潮玩在当时只是"潮流玩具"，而那往往只是昙花一现！经过大家10多年的努力，大众对它的认知越来越完善，已经有一个属于它的特定文化了！潮玩亦可以是任何物件了，变得越来越有趣和多元性。

很多设计师或者艺术家可能会想要与HOW2WORK合作，想知道您从什么样的渠道挑选艺术家合作，您挑选的标准是什么？什么样的作品会是您特别想要做成玩具的？

哈哈！真的吗？我们一直都希望有更多的机会跟不同的人和单位合作！我们合作单位的标准，当然一定要我自己喜欢！毕竟这是我自己的公司，有时需要一些任性。

我主要还是会看对方作品的可塑性，有没有自己的风格，有时候也要看对方愿不愿意为市场做一些小调整，这也是很重要的！不能说完全不理会市场的反应。如果只做自己想做的东西……那么就请你自己做吧！哈哈！沟通是很重要的部分。

当下，由于潮玩市场的持续扩张，玩具设计的门槛变低，创意雷同性增高，可能会影响玩家的热情，您如何看待这样的事情？

现在的确是潮玩市场从未有过的蓬勃期。从长远的市场发展来说，玩具设计变得容易，我觉得这是一件好事。你所提出的创意雷同性增高，确实是会影响玩家的热情，但一个长远及健康的市场确实需要有这个阶段去磨合、发展、沉淀！即使是玩家，亦需要经历同样的过程。而对于一些新的艺术家作品中有某些其他创作者的影子，我可以理解，关键是这些艺术家到底能否渐渐发展出自己的风格，而非一直复制。

隐藏版、限量版因为稀缺性通常会被市场炒高，您如何理解此种现象？

这是一个很矛盾的问题。原本是为了增加大家收藏的乐趣，却被很多专业黄牛党用来牟取暴利，让市场变得很不健康。

因为盲盒的流行，潮玩在中国市场有着巨量增长，能否判断一下接下来会流行什么，雕塑、原画、版画，或者其他？

这个是很难判断的，因为中国市场实在太大了，一个领域只要有收藏家，就有可能被其引领出一种潮流。只希望市场可以成熟发展，不要出现泛滥的状况。

HOW2WORK除了推出玩具，在香港还有画廊，并推动线下玩具展览，这是一种商业化互动，还是某种情怀？

老实讲，HOW2WORK这几年的动作并不是在什么特别的计划之中，一切都是顺其自然。画廊是希望培养一些新晋的年轻艺术家，希望建立一个平台让他们有机会发挥自己的才能。线下玩具展览，是因为发现过去多年同行都在外地或海外聚会，在香港反而很少见面，而香港的玩具设计师在玩具行业却又是非常有影响力的，那为什么不在香港办一个线下的玩具展览呢？其实也是任性！哈哈哈。

有评论说HOW2WORK是最近10多年香港诞生的最有品位的玩具公司之一，您觉得成功的因素是什么？

有品位？！哈哈！我觉得只是我们的兴趣太杂了！其实很多时候找到有趣的东西与事情，是希望与大家一起分享吧！

潮玩除了是一种收藏品，未来还有哪些可以拓展的领域？

希望可以提升大家对未来生活美学的品位吧。

我们做了一个调查，很多玩家都想知道的一个问题：品牌对于潮玩的定价策略是什么？

其他品牌我不知道，HOW2WORK从来没有在想什么是潮玩，只是希望以自己的定位去发展，定价一直希望可以平易近人。

现在这个看上去很火的潮玩市场，在发展的20来年里有高潮也有低谷，促使您在这个行业坚持的动力是什么？

HOW2WORK的20年，从开始到现在，主要是学习——碰钉——学习——碰钉，现在仍然在这个循环中持续，但这也是一种乐趣！另外比较好玩的是，以评判的眼光，寻找新的玩具设计师及艺术家，这也是HOW2WORK坚持的动力之一。

作为一个刚刚度过了品牌20周年的品牌主理人，您的困惑是什么？

可能我一直都是一个很乐观的人，对于很多人感到困惑的事，我都不会想太

多。但对我来说，比较有趣的是中国市场的发展，相信其扩张速度是有史以来地快！这非常有趣。

如果之前推出的设计师或者作品在一段时间内没得到市场肯定，您会选择继续坚持，还是会寻找新的IP形象？

通常我们都会继续坚持，这是对自己和设计师的一种信任，而这只是时间的问题，如果设计师也有耐心一起坚持的话。像我和龙家升已经合作了12年，头5年一直在摸索，但这样也建立起了我们之间的互信关系。

您是希望以后玩具都是由大的IP公司运作，还是同样推崇个人或小型工作室操盘？两者之间的差异性是什么？

其实一个成熟的市场，大公司与个人、小型工作室应该同时存在。

大公司绝对可以帮助市场更加大众化，个人及小型工作室亦可以满足市场上不同人群的需求，两者是缺一不可的。

您有没有特别喜欢的设计师，或者是否受到过一些设计师或者艺术家的影响？

嗯！很多！很多亦变成了朋友，Micheal Lau、井上三太、奈良美智等。可能大家也会比较有兴趣知道奈良美智对我的影响吧！其实很简单，我的意思是学习他对生活和周围人的要求，就是简单、舒服，没有什么大师的气势和架子！这个并不是说说那么容易的。

您觉得潮玩在当下受欢迎的原因是什么？

　　这绝对是过去10多年业界同仁共同努力得来的成果！成熟的市场就是需要有多方

面的发展。

作为一个资深的潮玩收藏家，您自己现在还会收集玩具吗？通常会收集哪些玩具？

我不算是资深的潮玩收藏家吧？！我的玩具是全开的，现在还有在买！任何有趣的我都会收，没有特定的方向。对我来说，音响、单车、家具也是玩具！

在您推出的作品或私人藏品里，您最喜欢的三个玩具是什么？

奈良美智的Sleepless Night Sitting（HOW2WORK作品），龙家升×横山宏Labubu Maschinen（HOW2WORK 作品），一只10cm的小木雕猴子。

对于一个刚刚入门的潮玩玩家，您有什么好的收藏建议？

一开始可以多看一些不同的作品，但不要乱买，不要一窝蜂，大家在玩什么就去炒、去跟！慢慢去培养自己的品位，可以从一些盲盒入手吧。

对于一个想进入潮玩行业的设计师或者品牌主理人，您有什么创业建议？

忍耐！坚持！要有操守！

全球都在讨论NFT，您对此的理解是什么？HOW2WORK会加入元宇宙，推出NFT相关作品吗？

哈！NFT，老实说我还在研究学习中，我们不抗拒，但现在还没有计划。在未来，相信这是一个方向。

"HOW2OWORKS"

如何判断一个玩具有没有好的升值空间？

这个完全是由市场决定的吧？！品牌+作者+品质+产量吧。

关于潮玩对生活的影响，您有什么特别的理解？

潮玩并不是一种物质，更偏向一种精神方向。就像这两年大家都很喜欢去野外露

营，这也是潮玩的一种。

对于您来说，HOW2WORK终极追求的目标是什么？

希望HOW2WORK这个平台可以再为这个行业发掘出更多的年轻设计师吧！

潮
玩
私
想

Hiddy

日本

SECRET BASE 主理人

Hiddy：我可以将我的品位添加到我真正喜欢的经典角色中

请介绍下SECRET BASE。

它成立于2001年，最初是东京里原宿的一家玩具店。生产高品质和高品位的产品是我们玩具的重要特色之一。我们现在在世界各地都有粉丝和收藏家。这就是SECRET BASE。

有哪些经典IP角色让您记忆深刻?

哥斯拉,我还记得我第一次看到哥斯拉时的震惊。我对我们现在能够生产哥斯拉玩具感到非常满意,而且最终产品看起来非常好。现在我很兴奋,因为我可以创造我最喜欢的角色,比如哥斯拉。

阿童木,我觉得这个角色从我小时候看《铁臂阿童木》的动画片时起就一直在我的脑海里。

巴特·辛普森一家是我最喜欢的美国动画和角色之一。当我们能够以X射线风格制作巴特时,我感到很兴奋,因为这是我们现在原创的标志性风格!很有趣的是,我可以将我的品位添加到我真正喜欢的经典角色中。

您是如何决定是否与别人合作?

对人、对品牌或对事物,我只按自己喜欢的作为合作原则。

您现在与哪些 IP 或艺术家合作?

最高机密!哈哈。我们接下来会做什么,敬请期待。

未来,您计划在中国开展哪些项目?

仍在思考,除了入驻C Future City之外,我想与当地艺术家或品牌做一些特别的
事情,一些在日本不可能完成的或尚不存在的项目。

您对现在玩具收藏的流行有什么看法?

我觉得社交网络的传播很好,我们可以互相分享和展示彼此的收藏品。所以,人
们可以选择自己喜欢的收藏,这是很好的流行。

您对盲盒玩具的印象如何?

我喜欢盲盒风格!

为什么玩家会觉得隐藏款那么重要?

我的信念是,如果我们失去了享受的本质,玩具生产商就完了。在我看来,隐藏款让收藏变得更有趣。当然,有时也会让收藏家们失望,因为他们无法得到隐藏款或秘密款,但这是有趣必要的元素之一。

日本的玩具收藏有何不同?

我觉得中国收藏家倾向于收集他真正喜欢的东西,并尝试以某种方式寻找自己所喜欢的。

而日本收藏家倾向于购买玩具,只要这些是高档品或其他人都喜欢的就买。

您是如何获得自己的Funko Pop玩具的?

两家公司的大老板,Funko(Brian)和MINDstyle(MD)合作非常密切,他们是我尊敬的朋友。他们制作了Hiddy Funko Pop,因为他们看到了我在日本的动作,并认为如果他们将之制作成Funko Pop玩具会很酷。

您是何时与 Toy Tokyo 和 Ron English 合作的?

Toy Tokyo的Lev,我认识他很久了,也许超过25年? 当时我还是个乳臭未干的小孩。至于Ron,我的好朋友,我想我和他一起共事了有10多年了。

让您制作限量版的动力是什么？

以我自己喜欢的独特方式去做别人还没有做过的事情。

您自己喜欢收藏哪些玩具？

目前基本上仅收藏复古玩具，但也有朋友们生产的玩具，如Medicom、Funko和

MINDstyle出品的玩具。

您最喜欢的三款SECRET BASE玩具是什么？

哥斯拉、阿童木和巴特·辛普森。

您对与您公司合作的新设计师/艺术家有什么建议吗？

请保有新的创意和激情。

听说SECRET BASE终于要入驻中国？

对。许多中国粉丝和收藏家，现在将有机会亲自看到和触摸我们的产品，而以前只有个别的收藏家通过线上才能购买。敬请期待"太空指挥中心"。

接下来，我们应对SECRET BASE有什么期待？

我会做一些让收藏家感兴趣的事情，或者任何人从未做过的事情，比如一些品牌、艺术家等。所以请继续关注我们接下来的作品！

最后，关于SECRET BASE玩具，还有什么要与我们说的？

请在购买这些玩具和产品时，不要因为它们是高级品类或大家都去买而买，而是您觉得它很好或您真正喜欢它再去购买。

James 李铮

中国北京

CHOCO1ATE 主理人

James 李铮：用艺术升华潮流生活，用潮流普及艺术趣味

请介绍一下您与CHOCO1ATE，另外能与我们分享一下您作为传媒人、收藏家与品牌主理人的经历转换吗？

我是James李铮，CHOCO1ATE艺术潮玩集合平台主理人。

最早开始上大学的时候，我作为总管理和朋友们一起运营着中国当时最大的球鞋论坛"新新球鞋网"、中国当时唯一的潮流文化论坛"CN-KIX"以及中国当时唯一的Hip-Hop论坛"EZLF"；毕业后，我加入了中国第一本球鞋杂志《SIZE尺码》，后来成为公司合伙人之一，创立了SIZEMEDIA，并作为执行出版人兼主编创刊了《SIZE潮流生活》杂志；做媒体的第十年我创立了潮流及娱乐顾问公司iFeelstudio，为很多潮流品牌及艺人品牌担任顾问角色，同时还为一些艺人做潮流业务方向的商务开拓；之后出于对艺术的热爱，结合之前的工作经历，我开始系统收藏当代艺术品，并成为UCCA尤伦斯当代艺术中心国际委员会成员和X美术馆的理事X-Men。

我和朋友们于2021年初共同创立了CHOCO1ATE 艺术潮玩集合平台，平台以艺术为内核驱动力，赋能及整合具有强社交属性的娱乐、体育、潮流及潮玩等文化领域，以"用艺术升华潮流生活，用潮流普及艺术趣味"为使命，依托线下艺术潮玩集合空间、线上多渠道电商平台及潮流艺术媒体矩阵，通过艺术策展和IP展览运营、艺术潮

玩及收藏潮玩和艺术衍生品的推广+贩售、自有艺术+IP厂牌运营等多维度构建业务生态，竭力实现"创造一个令国人引以为傲的国际潮流文化交流平台"的企业愿景。

您是从哪一年开始接触玩具的？是什么原因让您开始从事玩具事业？

如果放大到所有玩具的范畴，大概是一九八几年，当时太小记不清具体年份。因为父亲工作的原因，经常会从国外带一些乐高回来给我玩，到了后来就是各种变形金刚了。2020年疫情刚暴发的时候，因为在家收拾房间清理闲置，看到网上的价格我才发现以BE@RBRICK为主的这些收藏玩具和艺术潮玩，价格已今非昔比。之后我凭借这些老货和OG的身份，很快就融入了行业中比较核心的群体。随着志同道合的伙伴们的加入，我就正式开启了这一份和玩具相关的事业。

以前我们会将搪胶玩具、设计师玩具或艺术家玩具视作潮玩，现在因为盲盒等原创玩具的不断扩张延展了潮玩的边界，您对潮玩的定义是什么？

　　我觉得在当下，潮玩这个词因为几家头部企业大获成功，使之进入了非常普及的一个阶段。所以当潮玩被视为一个风头正劲的行业时，市场对它的定义就是其真实的定义。

　　作为CHOCO1ATE主理人，我将我们的线下空间命名为艺术潮玩集合空间，目的

其实就是在艺术与潮玩各自的定义因为市场的急速扩张而日趋模糊的前提下，将其中

有标准、有依据的部分清晰化。对于艺术圈的人来说，我们做的核心内容大家至少可

以接受，甚至有一定意愿去了解，这对于催发更多艺术家愿意通过潮玩这个形态与大

众进行对话来说非常有意义；而对于潮玩圈的人来说，我们也会努力用各种更普世的

运营方式来让大家有更多机会去了解真正的艺术。

　　当下，由于潮玩市场的持续扩张，玩具设计的门槛变低，创意雷同性增高，可能

会影响玩家的热情，您如何看待这样的事情？

　　其实我之前有完整经历过国潮这个领域在中国发展的全程，所以对于您提到的这个现状，我其实一点都不惊讶。一个事物火了之后，必然有各路神仙冲进来追逐各自的利益，那么与其被市场牵着走，卷到飞起，最终伤害客户、伤害行业，不如做点苦事情，把基础设施搭好，把标准建立起来。在我看来，做文化行业，如果走不出国门而只知道割国人韭菜，终局都是一地鸡毛。

像BE@RBRICK等隐藏版、限量版因为稀缺性通常会被市场炒高，您如何理解此种现象？

像BE@RBRICK这些隐藏版、限量版，无论是在品牌所属国日本，还是在全球其他国家，都有一个趋近的市场流通价值。这种由供需关系而非由单一市场决定价值的产品，就是潮玩界的硬通货。如果予以时间的验证，其价格所含的炒作水分就更少了。我觉得这个现象非常合理，是产品跃升为藏品的直观证明。

因为盲盒的流行，潮玩在中国市场有着巨量增长，能否判断一下接下来会流行什么，雕塑、原画、版画，或者其他？

如果说到流行，我认为会是数字藏品。因为在盲盒流行的这些年里面，其实雕塑形态的艺术玩具、艺术品原作、版画等与艺术领域相关的产品形态热度也极高，所以如果让我判断目前还不够流行但即将非常流行的，那就一定是数字藏品。

潮玩除了是一种收藏品，未来还有哪些可以拓展的领域？

潮玩近年来流行的两大主要因素：一个是社交属性比较强，大家可以基于同好来获取一个舒适的交友圈子；另一个就是其中的精品具有非常好的投资价值，会给收藏者带来很强的正向反馈。所以对于大多数潮玩产品的开发者来说，还是要更多考虑基于社交需求的功能开发，不然肯定很快会被遗忘。

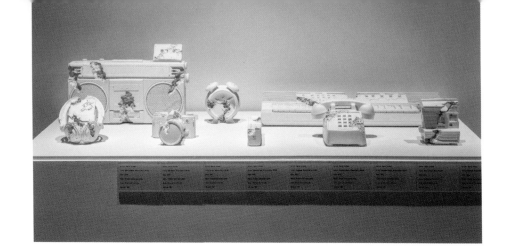

我们做了一个调查，很多玩家都想知道的一个问题：品牌对于潮玩的定价策略是什么？

盲盒类潮玩定价基本倍率是4～5倍，也就是成本在10元左右的盲盒，定价大概是50元；收藏类潮玩和艺术类潮玩的定价策略就会相对复杂一些，因为成本构成与盲盒类产品完全不同，定价也就是因品牌而异了。我们在进行一些一级产品定价的时候，会考虑用比较讨喜的数字来定价，由于基本是独占的稀有款式，所以价格比可参照的非稀有款式贵20%左右。

您是希望以后玩具都是由大的IP公司运作，还是同样推崇个人或小型工作室操盘？两者之间的差异性是什么？

成熟的行业都需要有头部大公司通过规模化运营来把蛋糕做大，不断给行业注入希望；而独立设计师或者工作室更像是突破想象力限制的中坚力量，不断给行业注入激情。所以我觉得这个对我来说不是单选题，而是都有存在的必要性。

作为一个资深的潮玩收藏家，您自己现在还会收集玩具吗？通常会收集哪些玩具？

我现在还会买一些我很喜欢的艺术潮玩，尤其是我本身收藏有原作的艺术家制作的艺术潮玩作品，我会从中寻找它们之间的联系，并学习艺术家在进行不同媒介表达时的方式方法。

在您推出的作品或私人藏品里，您最喜欢的三个玩具是什么？

在我的藏品里面，比较喜欢的三件艺术潮玩作品分别是Mark Ryden的三只Yakalina陶瓷雕塑、KAWS的木质匹诺曹雕塑以及MR. 为Pharrell Williams打造的手绘雕塑。

对于一个刚刚入门的潮玩玩家，您有什么好的收藏建议？

首先一定要买自己喜欢的，其次建议从买起来略微吃力的作品开始收藏。

对于一个想进入潮玩行业的设计师或者品牌主理人，您有什么创业建议？

钱是赚不完的，别因为一时的得失而忘了自己为什么进入这个行业。

全球都在讨论NFT，您对此的理解是什么？CHOCO1ATE会加入元宇宙，推出NFT相关作品吗？

NFT话题的火爆只是新纪元开启时的一个现象，真正有价值的内容还都在建设中。对于CHOCO1ATE来说，我们也针对这个大趋势进行了数月的思考与探讨，相信在不久的将来，我们会给大家答案。

如何判断一个玩具有没有好的升值空间？

我认为至少需要判断受众范围与供需关系。

关于潮玩对生活的影响，您有什么特别的理解？

对我来说，潮玩会让我时刻保持一个年轻的心态，给予我很多创意的启发，也会帮助我更好地理解艺术家的创作理念，是人生中不可或缺的朋友。

对于您来说，CHOCO1ATE 终极追求的目标是什么？

CHOCO1ATE 的终极目标是成为一个令国人引以为傲的国际潮流文化交流平台。

Kenny

中国香港

MOLLY 之父，Kennyswork 主理人

Kenny：我很爱 MOLLY，但是我又很想摆脱它

能与我们分享一下您与Kennyswork的成长经历吗？

Kennyswork这个品牌，顾名思义是希望以Kenny之名创作自己的作品、自己的故事，Kennyswork其实是一个brothersworker情怀的延续。但由三人共同创作跳到一个完全由自己掌握的思维国度，在起动时确实经历过很多艰难，加之那个年代铁人兄弟实在是一个无法超越的经典。在Kennyswork启动的时候，我确实有很大的心理压力，我一直被困在那个无形的互相比较的压力之中，直到MOLLY的出现，我才看到了全新的创作曙光。

您是从哪一年开始接触玩具的？是什么原因让您开始从事玩具事业？

我是在2000年的时候正式开始接触这个行业，可以说是千禧年设计师了。可能是因为我从小就生长在一个比较穷困的家庭，所以很多那个年代的玩具我都只在玩具店的橱窗看过，又或是在朋友的手中看过。那个时候很少会有属于自己的一个玩具，所以当有一个玩具在手的时候都会被我当成珍宝。直到自己长大了出来工作的时候，我就会尽量寻找一些有童年回忆的玩具，然后放在自己工作台的旁边，疗愈那个错失了童年的心。一个偶然的机会，我遇上了两位对玩具有钟爱和要求的前辈，我们一拍即合，希望可以创造自己的玩具世界。

通常，您设计的灵感来自哪些元素，音乐、风景，或者其他？

与其说灵感是来自生活，我更相信灵感其实是来自人与人之间的那份莫名其妙的共振，它是一种默契、共鸣、幽默……一种不需要事先解说明的，却会在莫名的维度之间飞快闪动的、无法用言语具象描述的东西。然后可能通过人与人之间具体的交谈又或是偶然看到了的人和事，你被触动了，开启了那扇所谓的灵感之门。

从铁人兄弟到MOLLY，您个人创作旅程中最喜欢的角色是什么？

我会说过往我所创作过的每一个角色都是我最喜爱的，但无论怎样都会出现最喜欢的，对吧？那我就跟你说一下。在铁人兄弟的世界里我最喜欢的是seven，因为它那奇怪的性格和猜不透的心；到了MOLLY的年代，我最喜欢的是太空人造型的SPACE MOLLY，感觉它会比其他的角色飞到更远的未来，到一个我没法猜想的空间去。对，我最喜欢的东西就是那些我永远没法理解的，只要你没法完全掌握它，它就会带给你莫名的神秘感，要你永远对它产生好奇。

作为当下的人气艺术家，您在创作上有没有发生什么变化？

首先我并不是什么人气艺术家，我只是来到这个世界，发觉所谓艺术实在令人摸不着头脑，所以我对它特别感兴趣而已。创作上，我猜我最大的变化是我很爱MOLLY，但是我又很想摆脱它，就像当年要摆脱铁人兄弟的影子一样，它们是成就我但又禁锢我、困着我灵魂的东西，实在很痛苦。我现在希望做一些意想不到的合作

或创作，令我可以在某个层面上得到休息和平衡。感觉好像把自己心爱的女儿暂时送到寄宿学校一样，让她自己成熟，让她学习，然后给爸爸一个喘息的空间。

以前我们会将搪胶玩具、设计师玩具或艺术家玩具视作潮玩，现在因为盲盒等原创玩具的不断扩张延展了潮玩的边界，您对潮玩的定义是什么？

那些在某个年代突然兴起又或是特别受到关注的、成为潮流的，就是我心中的潮玩。但是对我来说，这个称呼根本没有什么特别的意义，最重要的是要知道我们心底里到底喜欢的是什么。如

果我们创作的东西只能够在一种潮流里出现的话，那么这个东西对我来说就没有特别大的意义了。我希望我们创作的所谓设计师玩具也好，艺术家玩具也好，是向着经典的创作出发。也就是说，我们的作品能够经受时间的检验，成为时空里一个令人印象深刻的符号。

当下，由于潮玩市场的持续扩张，玩具设计的门槛变低，创意雷同性增高，可能会影响玩家的热情，您如何看待这样的事情？

我觉得初创业的设计师身上有这样的现象是能够被理解的，但是已经出道了一段时间的设计师们如果还有这样的问题就值得反思了。因为不论是大众市场，还是针对个人收藏，他们都希望拥有独一无二的创作。对创作人、设计师而言，最珍贵的其实就是能拥有一个自己创作的独一无二的东西，好的东西最后总会留下来。我相信收藏家们都是明智的，他们会分辨什么是好的、值得留下来的。这些事情可能起初会令市场出现一些波动，会影响一些很上进的设计师和团队，但是同样的事情经过一段时间之后，会被大众、被整个行业自动筛选。我们也不用太担心，过去如此，未来也将会如此。

隐藏版、限量版因为稀缺性通常会被市场炒高，您如何理解此种现象？

这是一件自然而然会发生的事情，就算不是公仔玩具之类的，也会有其他。只要是市场上稀缺性高的东西，就会被炒起来，比如房子、手表、手袋甚至波鞋。只要市场上出现稀缺性，就会出现这些副产品，它们是催化市场成熟和确立市场定位的一个指标，同时也是市场的一个未知阴影。

249

因为盲盒的流行，潮玩在中国市场有着巨量增长，能否判断一下接下来会流行什么、雕塑、原画、版画，或者其他？

你这个问题真的问得很好，但如果我能够预测这个世界的未来，我就不是一个玩具设计师了。的确这几年在盲盒流行的同时，衍生出了很多新的艺术文化事业。单单同类的玩具公司，这几年在很多大型的百货商场里，如雨后春笋一样成行成市，更有一些大型商场里出现pop art的艺术商店——除了一些高端的潮流玩具外，更有你所说的雕塑版画等艺术品出售。以香港为例，最近这类以商业运作为主的画廊就变得特别多了。未来会流行什么我不知道，我只知道元宇宙的出现可能会改变收藏方向的未来。

潮玩除了是一种收藏品，未来还有哪些可以拓展的领域？

潮玩真正需要拓展的是收藏的空间。我认识的一些收藏家，应该说是非常疯狂的收藏家，他们的收藏量大得惊人，所以他们都有一个我们不能够想象的巨大收藏库。

现在这个看上去很火的潮玩市场，在发展的20来年里有高潮也有低谷，促使您在这个行业坚持的动力是什么？

说真的，除了我对这个行业的热爱以外，最重要的是因为我并没有太多可以去拓展其他的事业的才能。也就是说，如果我不坚持的话，我就没有其他出路了。

作为一个艺术家，您的困惑是什么？

在这十几年的创作生涯里，一直有一个问题困扰着我：到底我在这世界里有什么贡献？我真的让他们快乐了吗？我所做的一切有帮助他们吗？值得庆幸的是，这么多年当我感到困惑时，身边就会出现一些提示或暗示，叫我别放弃。有一次一位陌生的女士在社交平台告诉我，和她女儿同一病房的一个小女孩将要做一个很大的手术，但她并不爱说话；这位母亲感到很心痛，她希望可以通过沟通来缓解小女孩心中的不愉快；后来在那位小女孩的床边，她看到了小女孩爸爸送给她的MOLLY公仔，之后她们就MOLLY展开了对话，她也知道了这个小女孩非常喜欢MOLLY，于是努力通过社交平台找到我，把这个故事告诉我，并希望我亲临探望这位小女孩，给她一个鼓励。于是，我便放下工作，带着一个刚刚出品的隐藏特别版去医院，当看到那个小女孩的甜美笑容，我整个人都融化了……对于我来说，这是一件很简单的事情，但其背后产生的威力原来那么惊人。非常感动的是，那位母亲看到别人的孩子感到痛苦的时候，也会尽其所能去鼓励她。一个MOLLY联结了人与人之间的爱与关怀，它鼓励的不单单是那位准备要做大手术的小女孩，同时也鼓励了我，给了我明确的人生方向。

您有没有特别喜欢的设计师，或者是否受到过一些设计师或者艺术家的影响？

当然，任何一位设计师或艺术家在他们的一生中总会受到很多艺术家的影响，我也不例外。非常感恩的是，每一位合作的艺术家都成了我的老师、我学习的对象，包括我的同辈及前辈们。

奈良美智老师发自内心的那份纯真及亲厚随和会告诉我们应该怎样做一个人，应该持有怎样的心态去创作，因为朋友的关系有幸跟他近距离接触过。在参观大河原邦男老师的工作室时，就会被他那一丝不苟、全神贯注的创作精神深深吸引着，他那份对于所钟爱的事情的投入是无人可比的。到了今天，老师偶尔会在社交平台上问我们的近况如何，那种亲和力就是我要学习的。我也很欣赏镰田光司老师在分享他的成长过程中的那份率性，当他给我介绍他自己打造的生活空间的每一处细节的时候，我就感到他对我如此坦诚，并没有因为我是一个后辈而有所保留。还有马荣成老师、王泽老师等，喜欢的老师太多了，不能尽数，他们都是我一生要学习的榜样。

您觉得潮玩在当下受欢迎的原因是什么？

因为它门槛比较低。相对于以前我们起步的那个年代，现在门市多、价钱平、选择又很多，叫人怎能不动心呢？有时候会想为什么我会爱上这个公仔。你会发现你喜欢的东西在某程度上一定跟你有共鸣，可能是你喜欢那位设计师，或者是那个造型的神态带给你什么回忆，又或者这个公仔的造型令你想起了某个人或者自己，一切都源于那个设计牵动了一个故事，撩动了你心中一个隐秘的角落。

您自己现在还会收集玩具吗？通常会收集哪些玩具？

过去一直有收集一些有趣造型的玩具，现在主要是收藏自己的创作了，因为空间有限、时间有限，就只能这样取舍了。当然现在还保存了很多过去收藏的作品，包括一些自己喜欢的设计师的作品、模型等。

在您推出的作品或私人藏品里，您最喜欢的三个玩具是什么？

一个是我第一次参加台湾展览时的一幅画作，名字叫"叫朱丽叶不要哭"；另外两件分别是我两位徒弟送给我的作品。我都特别喜欢。

对于一个刚刚入门的潮玩玩家，您有什么好的收藏建议？

收藏从来不是因为它的物质价值，只要是你喜欢的东西，它自然会有它存在的价值，如果这个作品能够令你在那个时空同步拥有了一件值得纪念的事——比如我购买的时候，刚好是我毕业，又或者是我刚出来打工的时候，又或者这个是我准备送给我女儿的，等等——那它就已经不是一件普通的收藏品了，它承载了那个时空的一份回忆，是一个Time Machine。偶尔打开它的时候，就像一段你很多年前听过的音乐一样，把那个时空突然带到你眼前，你不觉得这种感觉更神奇吗？

对于一个想进入潮玩行业的设计师或者品牌主理人，您有什么创业建议？

喜欢就是了，然后努力把它做好，心情要像一个好的厨师一样，不是为了单单做一顿菜来表现自己的能力，而是要把菜品独特的口味介绍给喜欢你的人。当一道又一道的惊喜逐步呈现在他们的桌上时，他们喜欢的不单单是你做的菜，还有你的烹饪手法，你上菜的方式、次序等，当然厨师的人品也将会是他们再次光顾的原因。

如何判断一个玩具有没有好的升值空间？

这可不是我的专业呢。我只知道市场不是我们可以控制的，它有种种不同的条件和因素，天时地利人和都会影响这个玩具能不能被大众追捧而升值。

全球都在讨论NFT，您对此的理解是什么？您会加入元宇宙，推出NFT相关作品吗？

NFT这个东西确实有一个很大的创作空间，姑且不论现在很多人都利用这个媒介来炒作。我觉得在未来的世界里，NFT就是一个公众认证的技术，有可能会在保障数码艺术家权益这方面带来很大的转机，使他们未来的生活得到更大的保障。但同时，在去中心化的区块链的操作下也会有很多未知的隐患或陷阱，这个也是我一直在观望的原因。

关于潮玩对生活的影响，您有什么特别的理解？

我认为这个不是单向的影响，更多时是生活影响了潮玩，就好像疫情之下大家对潮玩的参与度可能会有变化。在以前的日子里，资源没有那么多，所以会希望有一些新的冲击，玩具就应运而生；到了现在，人们生活富裕了，又希望寻找一些过去的回忆和对未来的憧憬，潮玩就到了一个高峰。然后在疫情的影响下人们的生活出现了变化，人们又有了平衡心理或是慰藉的需求，这个时候潮玩又有它存在的价值了。

Keith
中国香港
APPortfolio 主理人

Keith：收藏不是问题，储存才是一件令人头痛的事情

请介绍一下您与APPortfolio，另外能与我们分享一下您作为品牌主理人的经历吗？

我们早期是以图书出版为主，并推出与"APPortfolio"同名的年度创意图书，集中介绍了亚洲的设计及艺术新锐。近几年较为人知的就是我们提出多项与时尚、艺术相关的限量版作品及展览。我们合作过多位国际级艺术家，如空山基、Daniel Arsham、Ron English等。而我本人大学时期是专修时装设计，毕业后在多间设计及艺术大学任教十多年，包括我的母校英国中央圣马丁学院。

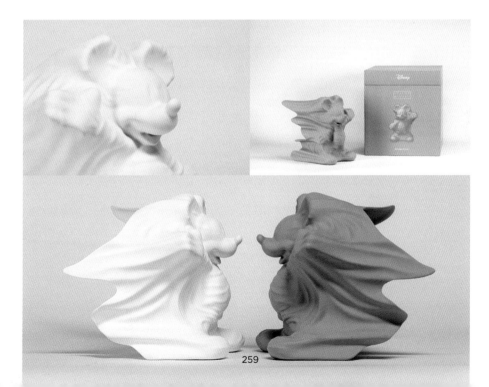

您是从哪一年开始接触玩具的？是什么原因让您开始从事玩具事业？

我接触玩具的时间并不长，估计是从2016年开始的。因为我收集的品类比较宽泛，手表、玩具、艺术品，我都喜欢，总体来说就是喜欢美丽而且有设计感的物品；与此同时，我有几个工厂投资项目，对生产线有一定了解，加上我长期参与艺术出版及展览策划。所以就这样我开始参与了这个行业。

以前我们会将搪胶玩具、设计师玩具或艺术家玩具视作潮玩，现在因为盲盒等原创玩具的不断扩张延展了潮玩的边界，您对潮玩的定义是什么？

我认为这个词包含的范围太宽泛，我始终认为潮玩跟我从事的行业有区分。因为当初参与这个行业被定义为Art Toys，意思是用玩具的形态来展示艺术，但现在潮玩这个词已经跟艺术有点儿脱离，纯粹字面上的表达就是跟潮流相关的玩具，所以我觉得这个定义不太能涵盖APPortfolio主要在做的事情。因为我们主要集中于开发艺术品的限量版，包括雕塑、版画、家具等。但与此同时，我们也有一些并非与艺术家共同开发的项目，就可能会比较适合用潮玩这个词。

很多设计师或者艺术家可能会想要与APPortfolio合作，想知道您从什么样的渠道挑选艺术家合作，您挑选的标准是什么？什么样的原画作品会是您特别想要做成玩具的？

我们比较少跟设计师合作，这纯粹是品牌定位的原因。过往我们都会通过国际艺术展览、线上个人平台及拍卖会去挑选合作方。如果要制成立体玩具的话，最基本的是作品不能太过抽象，最好有比较具体的角色形态。至于由平面转成立体的处理，艺术家就不用担心，一般都由我们去完成这个转化流程。

当下，由于潮玩市场的持续扩张，玩具设计的门槛变低，创意雷同性增高，可能会影响玩家的热情，您如何看待这样的事情？

我认为会有影响，但这个也是每个行业必定会经历的高低起伏，必然会出现的，这也是一个汰弱留强的过程。只希望这种情况是良性而非恶性竞争，这样就可以保持行业高水准。

隐藏版、限量版因为稀缺性通常会被市场炒高，您如何理解此种现象？

其实这类操作在小时候的食玩中就有，属于市场推广的一部分。但万变不离其宗，我认为它也增加了产品的吸引力，本身并没有什么负面影响，问题唯独就出在扭曲的炒卖上，让一件原本好玩的事情朝向极端发展。

因为盲盒的流行，潮玩在中国市场有着巨量增长，能否判断一下接下来会流行什么，雕塑、原画、版画，或者其他？

其实雕塑、原画、版画及限量版在艺术行业的存在已经有超过一百年的历史，形式一直都没有太大变化。唯一的转变就是这些媒介上的符号及画面随着年代需求而更新，不过我估计会更多往数码版形式转变。

潮玩除了是一种收藏品，未来还有哪些可以拓展的领域？

我认为可以更多地与生活关连起来，例如向各式各样的衣食住行相关产业拓展，这样用一小撮人的收藏喜好来慢慢影响普罗大众的整体审美眼光。

我们做了一个调查，很多玩家都想知道的一个问题：品牌对于潮玩的定价策略是什么？

其实也没有太大秘密，定价离不开成本的水涨船高，人工、原材料、艺术家授权，这些价格如果都在上涨且市场又可接受的话，定价就会随之提高。当然如果是限量版，价格就会跟限量数目有直接关系。部分产品由于在生产期间有最低起订量的要求，版数不一定能够控制得非常少，不然价格就会非常高，加之项目本身开发及限量生产的成本就非常高。

现在这个看上去很火的潮玩市场，在发展的20来年里有高潮也有低谷，促使您在这个行业坚持的动力是什么？

本身我就喜爱收藏，如果能够制作出我自己都想收藏的物品，那么最大的满足感就是让我坚持的动力。

作为一个品牌主理人，您的困惑是什么？

随着年纪的增长，对于要如何拿捏新一代人的喜好，我估计是大部分

主理人都将要面对的困惑，我也不例外。

如果之前推出的设计师或者作品，在一段时间内没得到市场肯定，您会选择继续坚持，还是会寻找新的IP形象？

随着公司规模的扩大，每个项目的开发都会更加审慎，因为开发成本实在太高，如果一系列产品都没有符合市场口味的话，必须要重新审视并调整方向。

您是希望以后玩具都是由大的IP公司运作，还是同样推崇个人或小型工作室操盘？两者之间的差异性是什么？

我自己就有比较深刻的感受，因为我也经历了不同阶段的状态。小规模的公司通常都充满活力，偶尔会产出非常好的创意，但质量会参差不齐。我认为每个大公司都是由小规模开始的。作为消费者，我并没有特别去挑选大公司的产品，纵然他们的产品质量稳定。但作为开发者，我对于这个问题的思考就会更为复杂，因为经营一个中型至大型公司，已经不再是自己个人的问题，而是会涉及更多的同事。

您有没有特别喜欢的设计师，或者是否受到过一些设计师或者艺术家的影响？

我本身就是以时装设计师身份开始的，所以会受很多他们的影响，一切跟时尚相关的内容我都很喜欢。当中John Galliano、Alexander Mcqueen、Nick Knight是我读书时期最喜爱的人物。

您觉得潮玩在当下受欢迎的原因是什么？

近两年资本操作是其中一个大原因。

作为一个资深的潮玩收藏家，您自己现在还会收集玩具吗？通常会收集哪些玩具？

会，跟当年没有太大分别，喜爱的还是会同步收藏，收藏不是问题，储存才是一件令人头痛的事情。

在您推出的作品或私人藏品里，您最喜欢的三个玩具是什么？

我会选择自家出品的几个项目：荒木经惟、Daniel Arsham、Snow Angel Mickey。

对于一个刚刚入门的潮玩玩家，您有什么好的收藏建议？

也没有特别好的建议，因为纯粹以投资回报来看的话，我喜爱的都不一定有大幅增长，但我认为喜爱最重要。如果要投资回报，就有太多选择了，不一定要跟喜爱的事物挂钩。

对于一个想进入潮玩行业的设计师或者品牌主理人，您有什么创业建议？

这个念头应该不困难，可以投简历去出品方，另一个方法就是经营好自己的社交平台，这个最重要。

全球都在讨论NFT，您对此的理解是什么？APPortfolio亦加入了元宇宙，会持续推出NFT相关作品吗？

这类型项目我们也有参与，但很多都还在摸着石头过河的阶段，要严格把控开发时间，因为这类内容随着潮流风向的转变会变得更有时效性。

如何判断一个玩具有没有好的升值空间？

我本身并没有太在意这个部分，因为这样玩起来会比较不投入。

关于潮玩对生活的影响，您有什么特别的理解？

还好，我觉得它可能会让生活更有质感及设计感，可能我本科学的就是这个领域，所以没有感受到太大变化。

对于您来说，APPortfolio终极追求的目标是什么？

短期目标是维持出品水准，并且加入更多现场体验的内容。长期目标可能会偏向策划更多落地于各个城市的展览，另外希望跟更多艺术以外的领域合作，擦出新火花。

Leo
中国香港
Unbox 创始人

270

Leo：我觉得潮玩担当了一个像宠物一样的角色

回想起来，我做Unbox差不多8年了。在没有进入玩具行业前，我对此一窍不通，因为以前主要做生产制作工程，包括20年前算是很先进的3D立体打印、激光扫描之类的技术工作。当时3D打印刚刚开始从航天、军事等领域转入工业，那个时候我刚刚毕业入行接触到了这些技术。但当时我接触的有汽车、家电、音响、手机、厨具甚至家私类别，唯独玩具是没有的。

以前玩具是我的兴趣，平时会收藏基本款的奥特曼咸蛋超人，包括橡皮擦、铅笔、大公仔、铜像，从十元到上千元都会买，现在家里都还有很多奥特曼的收藏品。当时认识了一位英国朋友在做玩具，他们在技术上遇到一些问题，例如选型比例如何做到一致。因为以前都是人手雕刻的，技术水平有高低差异，我就用自己的技术将它们做到一致，建立数据库，也从此开始接触玩具。这位英国朋友发现了一个问题，原来很少人可以做到小批量、特别版的产品，于是开始与我谈这个项目。我利用自己的技术，发现10~50只的数量都可以做出来。慢慢地，接触多了设计师玩具，突然有一天我觉得这是个不错的时机，就正式建立了"Unbox"。

一开始的业务是帮助海外设计师开发生产，数量也就100~300只，跟进量产项目。但那时还是不懂，也因此经常跑大陆，学习制造工程，慢慢就学会了上色等工艺。开始的几年都是OEM加工而已，后来香港的朋友会介绍一些设计师前辈、行业翘楚给我认识，包括Kenny Wong、Eric So、Micheal Lau，我才知道很久以前香港已经在做设计师玩具了，而那时我刚刚毕业（其实大家年龄差不多）。他们知道我有技术的时候很开心，说现在很少人能明白设计师的心意，并去生产这些产品。而我之前就是和设计师沟通做开发，我很明白设计师的意图，只是产品不同而已。

所以，我能站在设计师的立场，用技术去实现他们的设计。我会给出我的意见，甚至改动一些设计，通过设计降低成本，又不会改变设计师想要的外观和理念。所以，Unbox可以和很多设计师合作，这是其中很大的原因。而我真正接触这一行是8年前的事。

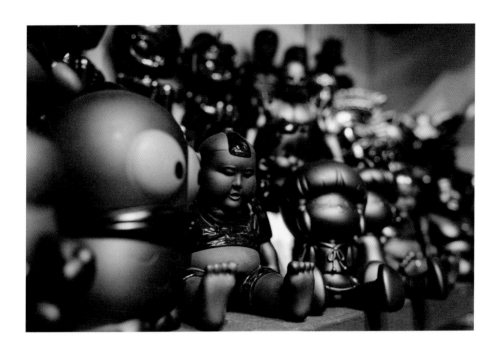

以前我们会将搪胶玩具、设计师玩具或艺术家玩具视作潮玩，现在因为盲盒等原创玩具的不断扩张延展了潮玩的边界，您对潮玩的定义是什么？

潮玩，我的看法是一种潮流、玩物，其实很多东西都是潮玩，雕塑、波鞋，甚至一块橡皮擦，只要它有创意、好玩、令人开心，可以给你启发和灵感，让你很想拿着它拍照，都是潮玩。盲盒就是这里面衍生出来的产物，让大家更容易接触，属于入门级的。以前出过很大的搪胶玩具，现在缩小了，就像把毕加索的作品或达·芬奇的《蒙娜丽莎》缩小成一张卡片，让大家容易拥有它。我觉得只要你找到其中的乐趣，它就是潮玩。

很多设计师或者艺术家可能会想要与Unbox合作，想知道您从什么样的渠道挑选艺术家合作，您挑选的标准是什么？什么样的作品会是您特别想要做成玩具的？

这是个很好的问题，以前没太想过。只要大家想合作我都很乐意，因为都很有创意，会令我有兴奋的感觉。当然有的合作愉快，有的也会有不愉快。我会很挑剔对方的人品，看一起合作能走多远，这比它的产品好不好卖、作品人气高不高更重要。

以前很多人都会误会以为Unbox是家帮人加工的工厂，我听到会立刻解释：工厂不会做这么多事，只会给什么就做什么，发现出品不是设计师的想法时，会说没办法，就是这样的；工厂不会从客户角度考虑，只是考虑便宜一点、快一点，因为不会投入感情在产品上，完成后还希望再继续做第二只、第三只；而我们会把每一件合作的产品都当成自己的产品，会考虑完成，解决问题，包括外观设计与技术；我们不是纯粹加工，而是有参与前期环节。所以在挑选设计师的时候，会考虑大家的合作能否走得更远。

挑选什么类型的产品合作，第一种我会选未曾想过的概念，有新鲜感、有挑战性的。例如，台湾的设计师Amber江大叔，没想过有人会设计一个地中海光头大叔，有点儿猥琐、有点儿可爱，其独特性很难从商业角度衡量，我认为这就是一股清流。当大家都在做BB、小猫、小狗、小猪、天使这些可爱的角色时，我认为这个就很特别。

第二种是选不同材质的。我们做过很多搪胶，会有点儿沉闷，甚至觉得从潮玩角度，不应该只有胶、金属，还应该有木头和其他物料，都可以变成作品。大家留意一下，接下来我们会有新的想法，我觉得市场上可能也还没有人做过，而这是我想做的。

当下，由于潮玩市场的持续扩张，玩具设计的门槛变低，创意雷同性增高，可能会影响玩家的热情，您如何看待这样的事情？

绝对会。当你天天吃鲍鱼的时候，应该就会想吃云吞面、寿司……但也没办法，在市场里，利润是其中一个吸引大家的要素。当市场蓬勃起来后，就会有很多人投入进来。我也听过一个月会有100款盲盒上市。市场这么大，越来越多人在争的时候，品质一定会参差不齐，无法控制。我们唯一可以做的是，把对潮玩的热情注入产品中，不被其他影响。

隐藏版、限量版因为稀缺性通常会被市场炒高，您如何理解此种现象？

无可厚非，很正常。一开始隐藏版是希望给玩家一些惊喜，显示自己有多幸运，与之多有缘分。后来最怕的就是被炒家牵着走，设计师继续推出作品，继续炒；哪怕设计师再做得少一点，炒家觉得少了也可以炒。这样就形成恶性循环了。

因为盲盒的流行，潮玩在中国市场有着巨量增长，能否判断一下接下来会流行什么，雕塑、原画、版画，或者其他？

这个问题我要知道答案的话应该已经发达了。当然我们也知道潮玩市场会有一个兴衰的过程。我想未来应该是NFT吧，什么样的不重要，重要的是新鲜感，即如何将现在的设计创作用其他媒介来表达才是最重要的一环。NFT将现在的设计用区块链形式来表现，我觉得就是一种代表。

潮玩除了是一种收藏品，未来还有哪些可以拓展的领域？

能与生活进一步融合的产品。每个家庭已经买了很多收藏品，家里空间越来越少了，所以也要留一些空间给有功能的东西了。

我们做了一个调查，很多玩家都想知道的一个问题：品牌对于潮玩的定价策略是什么？

定价策略首先要考虑成本，你知道有些制作很困难，授权金、复杂程度、模具的多少，都绝对影响价格定位。其次要看设计师本身的想法，他希望亲民、量少，还是价高，这涉及很多方面的因素。设计师参与产品生产的程度有多少，如果有手作，如自己上色等，定价就会看高。当然，最后市场供求也是个需要考虑的因素。

现在这个看上去很火的潮玩市场，在发展的20来年里有高潮也有低谷，促使您在这个行业坚持的动力是什么？

正如刚才我说的，我在这行不足10年，我刚开始做的时候正值这个行业的低潮期，只有很少人参与其中。坦白说，无论高潮、低潮，我们都没有变化，都是关上门做自己要做、想做的东西。所以，动力不在外界，而我们的粉丝才是让我们继续走下去的动力。

作为一个品牌主理人，您的困惑是什么？

我们有时候有一个设计理念，当包含这个设计理念的产品投入市场后，似乎没有得到预期的效果和用途。因为每一次设计开发，新的构思、上色效果，我们自己都会觉得很兴奋，希望借这份热情去感染客户，使他们能和我们持有同样的想法。但有时候事与愿违，且有比较大的落差。同时，我们每天也会面对很多问题，例如货出来迟了，技术上本来设定的效果最后做不到，功能上达不到要求……这些可能是我主要的困惑。另外，我也很在意质量，例如产品到客户手上烂了，有些地方花了，当做不到让客户打开就很开心反而很失望的时候，我会相对紧张一点。

如果之前推出的设计师或者作品在一段时间内没得到市场肯定，您会选择继续坚持，还是会寻找新的IP形象？

这个问题我们经常会遇到。在我们无法判断市场前景时，只要我们自己认为是好的，我们就会放手去做。出来的结果不好，也不会马上停止，我们会收集意见、资料后，看产品是不是可以改进，或者用其他的合作联名再去推进一次。坦白说，我们不会轻易放弃，我们会做很多展览和合作，只要出来的风格不太迎合这次的展览和合作，我们都会再试一次。当然有时设计师会有失望情绪，不想再继续下去。这会让我停止，因为我很在乎设计师的看法。但如果他是积极的，我会继续支持。

您是希望以后玩具都是由大的IP公司运作，还是同样推崇个人或小型工作室操盘？两者之间的差异性是什么？

就目前来说，我相信我们还是小型的，只是与其他小型的相比，我们有自己的IP。我相信这也不是差异，只是大IP覆盖率很大，借大IP认识我们的不足，也是我们最主要的目的。但我还是崇尚小规模的Workshop，专注在产品上。因为销售不是我们的强项，我们最强的还是设计理念和技术生产。

Unbox推出了很多小众设计师以及SOFUBI玩具，这是品牌的商业化定位，还是一种情怀？

我想这真的是一种情怀，我常说我们是老饼，依然迷恋八九十年代的很多玩物、潮玩，很喜欢以前的东西。当我们拿出来的时候，一帮朋友会有很多话题，也是我们成天说的童年回忆。但如何用情怀将它卖得更好呢？这个就随缘了。在创作上，很多新的动漫我们是不会去碰的；我们做开发，如果没有感觉也是不会去做的。

您有没有特别喜欢的设计师，或者是否受到过一些设计师或者艺术家的影响？

没有特别喜欢的，但是绝对会受到影响。例如，3D上的修改，设计师都会有不同看法，各持己见，这个过程反而会帮我更多地了解设计师的想法。你知道有些很执

着，有些很随意，这会让我们的思维拓宽很多。在对他们的想法进行研究后，这些研究结论会对我们往后的工作有帮助。

您觉得潮玩在当下受欢迎的原因是什么？

其实每个人都喜欢收藏东西。钱币、波鞋……每个人都会有自己喜欢的角色，只是大家不太在意。例如，有的喜欢Hello Kitty，有的喜欢海绵宝宝，像我就比较喜欢奥特曼。大家都会收藏自己认识的角色，对新鲜的事物会有很多顾虑——虽然自己很喜欢，但可能会受其他人嘲笑。随着大家视野的打开，潮玩很容易让人接受，甚至买家可以用它展示自己的喜好和个性。

作为一个资深的潮玩收藏家，您自己现在还会收集玩具吗？通常会收集哪些玩具？

我会买，但不会看设计师来买，而会更看重创意理念。有新鲜创意的，我会买来研究它是如何做到的。如果身边朋友推荐说好的，我也会很珍重收藏，很开心。

在您推出的作品或私人藏品里，您最喜欢的三个玩具是什么？

坦白说，每一个收藏品都有其故事和有趣的经历，很难说特别喜欢哪个。当然有几个怀旧的，像蒙面超人V3、紫色的新世纪福音战士的初号机、咸蛋超人。如果我看到它们的Crossover产品，都会想去收。

对于一个刚刚入门的潮玩玩家，您有什么好的收藏建议？

第一，不需要炒价的。第二，不要跟风。希望按自己的个性去收藏，即作品能否体现你的喜好和性格，这其实是一个应该考虑的方向。

对于一个想进入潮玩行业的设计师或者品牌主理人，您有什么创业建议？

最重要的是他有没有热情。这些年我见过一些品牌和设计师，他们的出发点并不是因为热情，而是认为这个市场有利可图。一跌价的时候，他会发现卖不了钱，于是

就放弃了。所以不要太计算回报，而要考虑本身是不是有专长、技术，愿意融入这个有趣的行业，将之发扬光大。

全球都在讨论NFT，您对此的理解是什么？Unbox会加入元宇宙，推出NFT相关作品吗？

有很多公司找我们，我会去了解这个新的领域，我觉得这只是收藏方式的区别。比如，有一件很漂亮的艺术品，如何告诉别人？你会拍照，不会带出街，只会用图片分享。所以我觉得NFT是可行的，它只是媒介和方法的区别。当然卖到很贵，我会考虑会不会太不理智。这是个很大的问题。

如何判断一个玩具有没有好的升值空间？

正如我说不能仅看玩具是不是有升值空间，最重要的是自己喜欢。真的要判断，就要看数量、供求等因素。很多玩具升值是有水分的，有资本推波助澜的，所以对这个问题我也没有太多想法。

关于潮玩对生活的影响，您有什么特别的理解？

我们每天为生活奔波，也希望会有私人的休息时间，我觉得潮玩担当了一个像宠物一样的角色。它在家里等你，你回到家，它们会给你鬼马的动作，用身体语言告诉你它有多可爱、多奇怪。这可以帮助大家舒缓生活压力。有个男孩子很喜欢潮玩，女孩子会买给他，他们一起去参加展览，继而相识、相恋、结婚。所以，它一定会影响你的生活。

对于您来说，Unbox终极追求的目标是什么？

对于我们说，终极目标很老土——细水长流，希望我们可以一直走下去。随着不同的年代，这个市场给我们的影响，反过来靠我们自身的创作又可以影响这个潮流和市场，甚至担负起教育的职责。希望玩家真心喜爱这些作品，继续让我们走下去就很开心了。

龙家升

比利时

艺术家

龙家升：Labubu 是拥有我最多个人感情投射的，除此之外，我很喜欢 YaYa

早年因为参加一个比利时的绘本比赛而获奖，之后获得了一个在欧洲绘画绘本的机会，画了一系列自己的个人绘本。

您是从哪一年开始接触玩具，什么原因让您开始从事玩具事业？

大约在2010年，HOW2WORK的Howard通过脸书跟我联络，问我是有否兴趣把自己的作品变成立体玩具。从那时起我的立体创作就开始了。

通常，您设计的灵感来自哪些元素，音乐、风景，或者其他？

其实灵感来自很多地方，音乐、电影、书籍、生活与社交等。

从玩具森林到Labubu领衔的精灵天团，您个人最喜欢的角色是什么？

Labubu是拥有我最多个人感情投射的，除此之外，我很喜欢YaYa。

因为Labubu、Zimomo的光环太过耀眼，会不会影响您去创作其他小伙伴的故事？

在创作上我不太容易受这个问题的影响，它反而令我更有动力去创作其他小伙伴。

作为当下的人气艺术家，您在创作上有没有发生什么变化？

变化时常都有，无论在心态上还是制作环节都有好多不同的变化。我想作为一个创作人，这种变化是必须要拥有，也是非常重要的。

以前我们会将搪胶玩具、设计师玩具或艺术家玩具视作潮玩，现在因为盲盒等原创玩具的不断扩张延展了潮玩的边界，您对潮玩的定义是什么？

我以前对潮玩的定义和你们一样，称之为搪胶玩具、Art Toys等，现在只不过名称不同而已。

当下，由于潮玩市场的持续扩张，玩具设计的门槛变低，创意雷同性增高，可能会影响玩家的热情，您如何看待这样的事情？

其实这个情况在高速增长的各行各业里都会出现，我认为这也是无可厚非的，因为这是市场蓬勃才会有的现象。

隐藏版、限量版因为稀缺性通常会被市场炒高，您如何理解此种现象？

物以稀为贵吧，也是和上面说的现象一样，都是市场蓬勃才会出现的现象。

因为盲盒的流行，潮玩在中国市场有着巨量增长，能否判断一下接下来会流行什么，雕塑、原画、版画，或者其他？

其实盲盒是接触潮流玩具入门的途径，之后收藏家们又会接触更多其他的，所以接下来市场上很多不同的收藏品都会流行起来。

潮玩除了是一种收藏品，未来还有哪些可以拓展的领域？

拓展至生活日化用品，例如家具等。

现在这个看上去很火的潮玩市场，在发展的20来年里有高潮也有低谷，促使您
在这个行业坚持的动力是什么？

最重要的是自己喜欢，我自己是2012年加入的，当时市场正处于低谷期，那时候
推出自己的作品都不是为了卖钱的，而是由于自己很喜欢玩具，所以没有想太多，现
在我的心态基本上还跟以前一样，喜欢便去做。

作为一个艺术家，您的困惑是什么？

暂时我还没有。

如果之前推出的作品在一段时间内没得到市场肯定，您会选择继续坚持，还是会
去尝试创作新的IP形象？

我会选择继续坚持，最重要的是做自己喜欢的创作。

您是希望以后玩具都是由大的IP公司运作，还是同样推崇个人或小型工作室操
盘？两者之间的差异性是什么？

其实与大公司合作可以推广IP，把目标受众的范围扩大，当然会以市场口味为优
先；小型工作室会比较注重个人风格，市场不是被优先考虑的因素。我希望两者的功
能都兼备，取得一个平衡。

您有没有特别喜欢的设计师，或者是否受到过一些设计师或者艺术家的影响？

我刚接触Art Toys的时候很喜欢日本的BOUNTY HUNTER，还有Micheal Lau与James Jarvis，影响我的艺术家有Jean Micheal Basquiat 和 Francis Bacon。

您觉得潮玩在当下受欢迎的原因是什么？

我想其中一个受欢迎的因素，是现在潮玩比以前更普及，从而让更多人认识及容易接触。

您自己现在还会收集玩具吗？通常会收集哪些玩具？

我现在还有买的，但是没有特定哪个方向，只要喜欢就会买回来。例如早前我搬了新家，因为家里有很多木制家具，我又收集了很多木系玩具摆设。

对于一个刚刚入门的潮玩玩家，您有什么好的收藏建议？

最重要的是随自己的想法，并结合自己的能力，买自己喜欢的玩具。

对于一个想进入潮玩行业的设计师或者品牌主理人，您有什么创业建议？

坚持自己的创作理念，一定要有个人想法，个性是非常重要的。

如何判断一个玩具有没有好的升值空间？

这个我也很想知道如何去判断，通常我自己会看到喜欢的便去买，很少会注意是否有更好的升值空间。

全球都在讨论NFT，您对此的理解是什么？

您会加入元宇宙，推出NFT相关作品吗？

现在大家都在讨论NFT，我也在学习与理解中，暂时我还未有打算推出NFT。目前我主要是继续投入实体的画作，但是也不排除未来有一天可能会加入元宇宙。

关于潮玩对生活的影响，您有什么特别的理解？

因为现在找到售卖潮玩的渠道比以前容易得多，大家有更多的机会去接触，相信在未来，潮流玩具会越来越受欢迎。

MD Yong

美国

MINDstyle 创始人

MD Yong：我是一个疯狂的收藏家，只要是能让我开心的东西都收藏

您是什么时候开始收藏玩具的？

从90年代的麦克法兰玩具和日本搪胶玩具开始。

您对潮玩的定义是什么？

长期以来，我们一直在创造生活方式和制作收藏品，并没有关注一些特别的文字定义。

在MINDstyle，您通常如何选择合作的艺术家？

在大多数情况下，我们选择与自己产品风格、外观和感觉相近的艺术家和设计师合作，签订授权协议。有时我们主动寻求人才，有时我们会被联系，以双赢的方式进行合作。

您如何看待当下的玩具市场？

近年来，由流行文化收藏品市场带动的新型消费市场已初具规模。现在吸引了许多新的收藏家和买家，市场因此充满了活力，有着很大的增长空间。

对您来说，值得期待的下一个作品是什么？

REDONEYE，我们的新宇航员系列平台收藏玩偶。

MINDstyle如何设定潮流玩具的不同版本、尺寸及定价？

版本大小通常由艺术家决定，定价基于商品成本，由我们公司设定。

在MINDstyle庆祝成立15周年之际，能分享一下这15年都经历了哪些高潮和低谷？

在潮玩领域，15年足够漫长。潮玩收藏品市场经历了高低起伏，现在无疑是一个高点，MINDstyle有幸见证并参与了这一切。随着潮玩的普及与流行，未来可能会出现更多的假冒或低质量产品，这也许意味着下一个低谷期的开始。

关于艺术玩具行业最大的误解之一是什么？

每个人都能赚很多钱。但实际上艺术玩具行业更多关注的是创造力和质量，而不仅仅是钱。

MINDstyle品牌和MINDstyle工厂有什么区别？

首先，MINDstyle作为一个品牌，我们拥有一个创意中心，设计研发产品的设定，从玩具、服装、街舞、电影等领域，更加多元地推动品牌形象的不断升级。其次，我们还专门为垂直的OEM业务设立了一个开发和一个制造部门，有自己的工厂，为其他品牌提供服务。

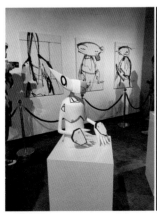

您与最大的流行文化玩具公司之一的 Funko 的合作模式是什么？

我们为Funko及其Pop Asia创作、开发和制造流行文化收藏品。我们已经与Brian Mariotti及其创意团队合作超过12年，这让我们有机会为中国市场拓展本地化收藏品，这是一段了不起的长期合作伙伴关系。

Funko的Pop Asia是什么？

Funko Pop Asia是一款具有收藏价值的小玩偶，代表流行文化中的本土化角色。原创的Pop玩偶有着以下特征：它们通常是3.75~4英寸高，方头圆脸，纽扣状的黑眼睛且没有瞳孔，现在我们正在为中国市场创造原创和授权的IP。

您现在都收藏什么玩具？

我是一个疯狂的收藏家，只要是能让我开心的东西都收藏。

请问，MINDstyle 15 周年之际有什么计划？

会有很多令人兴奋的作品、合作和独家发布，以及我们在深圳福田C Future City 开设的首家3000平方米沉浸式旗舰店。这是一个与家人、朋友一起沉浸式创意的目的地，其中参与的品牌包括Funko、BAIT、Popaganda、SECRET BASE、Made Famous、RCNSTRCT Studio、Made By Monsters、1500 or Nothin'、Eugene Montross、Melrose LA Gallery、Makaio Originals、Toy Tokyo、Story Boards，当然，还有iToyz。

潮玩私想

毛壮
中国北京
"艺术壮士"主理人

毛壮：让每一处都充满玩具，也许就是年轻人生活状态的一种吧

　　"艺术壮士"目前的定位是服务于对当代艺术收藏感兴趣的人群，分享一些其作品有收藏价值的艺术家及他们参与的展览信息，同时也会通过一些数据、事件来分析艺术家的热度，并做一些推荐与预测。我自己现在全职做这个媒体，同时也做艺术收藏，一边学习探索，一边把自己看到的值得推荐的艺术家推荐给读者。

您是从哪一年开始接触玩具的？是什么原因让您开始从事与潮玩艺术相关的工作？

我是从2010年是开始了解潮玩的，不过当时只知道KAWS、Ron English等几个在欧美比较流行的艺术家的潮玩。自己买潮玩是在2015年从Ron English与JPS画廊合作的盲袋玩具开始的，之后又陆续收藏了艺术家与APPortfolio、Thunder Mates、Soap Studio、AllRightsReserved等几个厂牌合作的潮玩。

以前我们会将搪胶玩具、设计师玩具或艺术家玩具视作潮玩，现在因为盲盒等原创玩具的不断扩张延展了潮玩的边界，您对潮玩的定义是什么？

这个很难定义，现在对玩具、潮玩、艺术家雕塑的定义很混乱，感觉大家只要买自己喜欢、能给自己带来快乐的就好，也不需要太过于纠结定义。我不喜欢一些过于雷同的形象或形式，也看不惯割韭菜的艺术家，例如版数过多或者售价过高。我以前会喜欢一些比较经典的IP，例如Ron English、Steven Harrington、Labubu大娃、愚者乐园早期系列等。现在更喜欢收藏一些艺术家出的限量雕塑，材质一般是树脂、宝丽石、铜雕等，版数也越少越好。

作为一个艺术行业的自媒体，很多设计师或者艺术家可能会想要与艺术壮士合作，想知道您从什么样的渠道挑选艺术家合作，您挑选的标准是什么？什么样的作品会是您特别想要推广的？

初期平台不够成熟的时候，会和各种各样的艺术家合作，只要作品风格独特、画功扎实，又不过于传统与学院派就可以。现在考虑到平台定位，还是会挑选一些其作品有收藏价值的艺术家，艺术家自身的简历、合作画廊也是很重要的参考标准。此外，"艺术壮士"还是带有我自身喜好的自媒体，会有一些平台调性。我更倾向推荐自己喜欢的艺术家，一些自己看到都不喜欢，或者没有收藏其作品意愿的艺术家我就不大会合作。

隐藏版、限量版因为稀缺性通常会被市场炒高，您如何理解此种现象？

这是很正常的现象，2015年买Ron English盲袋的时候就特别希望能抽到金牙或者夜光牙齿的隐藏版，隐藏版价格高也符合正常的市场规律。不过除了极致喜欢的玩具，一般也不追求收藏隐藏，享受抽盲盒的乐趣就好。

因为盲盒的流行，潮玩在中国市场有着巨量增长，能否判断一下接下来会流行什么，雕塑、原画、版画，或者其他？

市场很大，就像我以往只买艺术家参与设计的玩具，但去POP MART也忍不住购买芝麻街、海绵宝宝等经典IP的玩具，我感觉未来很长一段时间依旧会是百花齐放的市场。反而是一些自己喜欢的艺术家玩具，变得过于具有商业化与投资属性，发售价动辄上万元，让人失去购买兴趣。与其家里被成堆的玩具盒子堆满，不如买一件喜欢的原作。

潮玩除了是一种收藏品，未来还有哪些可以拓展的领域？

潮玩已经是年轻人的一种生活方式，家里需要潮玩来装饰，哪怕去吃饭、喝咖啡、逛街，甚至健身、理发也常常会被门口的潮玩吸引进去，它已经成了居家旅行必备之品，虽然没啥实际功用，但也不能缺少。当然也要看个人财力，在经济能力范围内去购买，毕竟是身外之物。

我们做了一个调查，很多玩家都想知道的一个问题：品牌对于潮玩、艺术品的定价策略是什么？

我喜欢玩具展的定价策略，在很多年里一直维持同一个设计师相同版数作品定价的稳定性，大多不超过200美元就可以购买到一只18cm内的胶玩大娃。不过自从Ron English太阳花玩具涨价后，整个潮玩定价有点儿混乱，曾经两三百美元的定价一下子被提高到500~1000美元，最近几年甚至经常能看到2000美元以上的潮玩。割韭菜行为就是因为知道潮玩有二级市场价格，于是把一级市场的定价一直提升至接近二级市场价格，不断去试探市场底线，短期看来有利可图，长久看来只会失去人心。

作为一个艺术自媒体的主理人，您的困惑是什么？

困惑如何运营让大家获取信息的渠道，因为微信订阅号的阅读量有逐年下降的趋势，所以最近也开始更新小红书。

您是希望以后玩具都是由大的IP公司运作，还是同样推崇个人或小型工作室操盘？两者之间的差异性是什么？

各司其职、各有利弊吧。大公司运营让小众变得普及，但收藏的乐趣与成就感失去了很多。小工作室也有其存在的价值，HOW2WORK和POP MART的合作模式就不错，限量与盲盒分开运营；另外小工作室的不断涌现能给市场注入新鲜活力。

您有没有特别喜欢的设计师，或者是否受到过一些设计师或者艺术家的影响？

曾经非常喜欢KAWS、村上隆、Ron English，不过现在整个市场的发售方式、售价让我不太喜欢了。

您觉得潮玩在当下受欢迎的原因是什么？

一方面是解压与愉快，类似一种去逛迪士尼乐园，把喜欢的周边买回家的愉悦感；另一方面是设计师的创作与设计能力高超，能设计出深受大众喜爱的玩具。

作为一个资深的潮玩收藏家，您自己现在还会收集玩具吗？通常会收集哪些玩具？

最近一年很少买盲盒了，会去追几个喜欢的艺术家的玩具或雕塑新品，例如陈威廷、花井祐介、下田光、Roby Dwi Antono。不过很多也觉得可有可无了，佛系原价收藏，坚决不接受加价。不过这也是因为两年多没去逛任何线下潮玩展了，如果去了潮玩展，可能还是会忍不住剁手。

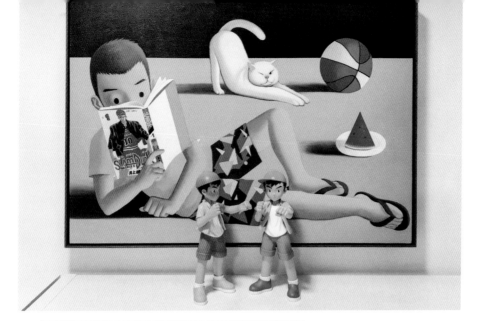

在您的私人藏品里，您最喜欢的三个玩具是什么？

Ron English早期盲袋里的牙龈查理与牙龈辛普森；400%的大眼仔BE@RBRICK，因为是原价买的，后来再出1000%很难原价买到，就没有去追了；还有ivy boy，很便宜不限量，但是我很喜欢这种设计，以后有新款或者其他类型周边也会关注的。

对于一个刚刚入门的潮玩玩家，您有什么好的收藏建议？

可以在潮玩展的时候，去排队买一些自己喜欢的玩具，感受一下比较原始的收藏乐趣，亲身去感受一下排队、抽签、找设计师签名的乐趣，然后在玩具或保证书上一定让设计师签上自己的名字，你就会真心热爱这款得来不易的收藏。

对于一个想进入潮玩行业的设计师或者品牌主理人，您有什么创业建议？

做好长期奋斗的准备，因为我买的一般是有时间积累的IP，例如艺术家、绘本作家创作一个形象用了很多年，倾注了很多情感进去，并且这个形象背后有故事、有设定、有性格，这样才更能打动人。新IP的话，要做好内容积累吧，或者去选择一个有长期作品沉淀的艺术家或者设计师去合作。

全球都在讨论NFT，您对此的理解是什么？艺术壮士会加入元宇宙，推出NFT相关作品吗？

我不喜欢但也不反对NFT，我不会参与任何NFT项目。

如何判断一个玩具有没有好的升值空间？

普通玩具的话，看设计、版数和定价，不会让人感到割韭菜的就会有一定的保值价值，至少不会像盲盒的非隐藏版到手就贬值。如果是艺术家玩具，早期出的价格比较亲民，随着艺术家知名度的提升，价格也会发生翻天覆地的变化。例如，花井祐介早期出的不限量胶玩，以及第一代大眼仔和400%+100%的大眼仔BE@RBRICK等。

关于潮玩对生活的影响，您有什么特别的理解？

我没有专门买置物架来摆放玩具，只是把最喜欢的一些玩具摆在例如书桌、电视柜、床头柜等位置，一些盲盒小玩具则会散落在书架、抽屉等角落。让每一处都充满玩具也许就是年轻人生活状态的一种吧，处处都是能给人带来一丝快乐的小物件。

对于您来说，"艺术壮士"终极追求的目标是什么？

没什么目标，随遇而安吧。

VINCE

中国台湾

VTSS、VINS Gallery 主理人

VINCE：收藏有收和藏的本质区别，真正懂藏的人可能才是终点的赢家

虽然我毕业于台湾大学流行病学与预防医学研究所，但对艺术收藏情有独钟。2000年，我收藏了人生第一款英国插画家James Jarvis的艺术玩具作品Martin（当年还是以Designer Toy或是Urban Vinyl Toy称之），从此踏上了至今21年有余的艺术收藏之路，近几年也陆续收藏了诸多当代年轻艺术家的代表性作品。

2011年，我创立了艺术玩具品牌VTSS，专注于发掘新锐艺术家并生产具有高收藏价值的实体作品，多数以艺术玩具的形态呈现。身为艺术玩具界的资深玩家，努力推动艺术玩具的产业化和深化文化内涵，亦为艺术生活化拓宽新的视野。

2021年，我于台北成立VINS Gallery，开展对艺术的全新实践。身为所谓潮流文化的参与者，我们倾力为这发展了近20年的次文化赋予一种新的思考。它不该只拥有

潮流的称谓，而更像是世代共有的价值。VINS Gallery不仅有艺术品的制作专业，也会通过和新兴艺术家（Emerging artists）的合作，发掘极具潜力的艺术家，同时也积极联络更多全球艺术家的参与，真正建构出属于VINS Gallery独有的全面艺术系统，也冀望于不久的未来成为亚洲最具代表性的艺廊之一。

您是从哪一年开始接触玩具的？是什么原因让您开始从事玩具事业？

大概是在2000年，身为资深玩家，我早期通过博客分享所见所闻，从开箱文到评论文，从独乐乐到众乐乐，虽然面对的一直是相对小众的市场，但仍觉得该来点不一样的火花，初衷是将自己喜欢的设计师或是艺术家的创作进行实体化，自此展开实体化制造之路。

以前我们会将搪胶玩具、设计师玩具或艺术家玩具视作潮玩，现在因为盲盒等原创玩具的不断扩张延展了潮玩的边界，您对潮玩的定义是什么？

"潮流艺术"的说法近几年一直被提及，尤其当我们面对年轻世代展现出的全方位的消费能力时，几乎所有和"潮流"相关的艺术内容不仅有亮眼的销售成绩，更是长时间占据了社群媒体的版面。不过应该要梳理的是"潮流"和当代艺术的交集，VINS身为所谓"潮流文化"的长期参与者，我们其实不太习惯用"潮流"这两个字眼来涵盖或认知潮流玩具，毕竟"潮流"在各个世代都出现过，单就用"潮流"来形容目前的状态略为忽视了过往发展的脉络。

当代艺术的范畴可以让艺术家尝试更多的可能性，藏家世代间彼此有更多的互动，尤其当更多年轻的新锐艺术家通过不同媒介和手法来呈现他们对艺术的看法；而在社群媒体或是商业行为上，更有着相当惊人的话题和流量，不仅可以转化成消费行为，更重要的是提供了一条崭新的思考路径。艺术的多种面向和可能性，足以让目前的当代艺术市场有着更为活跃的发展可能。

艺术玩具（Art Toy）的存在早已具备文化特性，它独特于以玩具的载体容纳更多不同的艺术内涵，尤其新锐艺术家通过版数概念（限量）的实体作品或者说艺术衍生商品崭露头角，同时也培育出更强大的藏家忠诚度。国际上具有知名度的艺术家也常通过限量的实体作品，发展出经典系列，有些自然成为拍卖市场的标的物。目前艺术玩具的发展已经更趋成熟，涂鸦或是低眉艺术的参与者——更多地被归类于传统艺术家的行列——已成为不可忽视的力量。

作为一个早期热爱分享潮玩资讯的博主，也推动出版了《Toy Art 2.0》一书，现在转型成为品牌商及画廊主，角色体验有什么不一样？

以前是做自己喜欢的事，现在还是在做自己喜欢的事，本质都一样。当然经营品牌或艺廊，多了不少责任，对员工、对艺术家、对藏家，都是责任所在。这些事都是要长时间经营才会有所回馈，路是自己选的，走下去就是。

很多设计师或者艺术家可能会想要与VTSS合作，想知道您从什么样的渠道挑选艺术家合作，您挑选的标准是什么？什么样的原画作品会是您特别想要做成玩具的？

如何挑选艺术家对品牌方或是艺廊主来说都是大学问。我的标准很简单，就是只挑我喜欢的艺术家，这是绝对主观的任性，然后让更多人喜欢艺术家就是我正在做的事。挑选的渠道很广泛，例如看展的过程无意间发现，艺术家同行的引荐，藏家的推荐，社群媒体等。

从挑选平面作品到形成实体化也是个很有趣的过程，同样就是挑我喜欢的画，和艺术家讨论或是说服艺术家，然后让大家也喜欢他。

当下，由于潮玩市场的持续扩张，玩具设计的门槛变低，创意雷同性增高，可能会影响玩家的热情，您如何看待这样的事情？

审美疲劳是一直存在的事情。只是有些人一直习惯让自己很疲劳，永远学不会审美。

不过有一件事很有趣，也值得思考——如果说玩家的眼光和收藏倾向一直在进化，会不会就能形成自然的淘汰机制？利益是驱使市场扩张的最原始动力，无可厚非，但如果藏家一直忙于跟风，那利益不太可能回馈到藏家身上，反而是先蒙其害。所以我说收藏很有趣也是有些原因的。

隐藏版、限量版因为稀缺性通常会被市场炒高，您如何理解此种现象？

这是一定存在的现象，也是一定会发生的事。我真觉得涨价、跌价可能都是痛苦的来源。我们要学会面对它，然后放下它，这不就成佛了吗？哈哈。所以我觉得佛系收藏法是个好行为。不信？问问欢哥就知道了。

因为盲盒的流行，潮玩在中国市场有着巨量增长，能否判断一下接下来会流行什么，雕塑、原画、版画，或者其他？

最早有盲盒概念的作品是在2002年前后。KIDROBOT推出的DUNNY 3寸系列，那时候叫作Chase Edition。DUNNY在那时候非常红，骨灰级玩家都懂。本来盲盒概念早

就销声匿迹了，过了10多年突然又大红大紫，这就让我感到世道循环其实极其有趣。

所以说真话，接下来会流行什么我也说不准，倒也不是没能力预测，而是你会不会觉得流行就是个循环？如果你觉得是，那接下来会流行什么我觉得就不难理解了。

潮玩除了是一种收藏品，未来还有哪些可以拓展的领域？

居家空间的结合及时尚品牌的联名。

我们做了一个调查，很多玩家都想知道的一个问题：品牌对于潮玩的定价策略是什么？

定价其实是一件极其主观的决策，当然，定价也存在一个相对客观的策略，这可

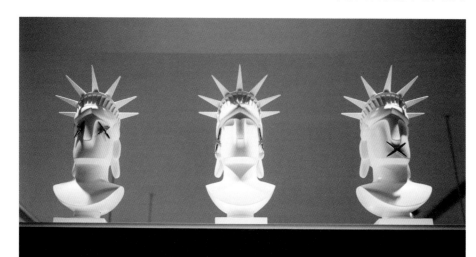

能就是玩家想理解的部分。对我们来说，一件具有版数概念的实体作品，首先反映出艺术家的艺术市场价格，再来就是反映出限量及作品本身的定位。另外，和艺术家的合作是否是长期代理或与其合作的紧密性，也是重点考量的因素。综合考量以上的因素，才会决定终端价格。

现在这个看上去很火的潮玩市场，在发展的20来年里有高潮也有低谷，促使您在这个行业坚持的动力是什么？

我是相信人在这个世界上都需要完成一个使命，差别在于有没有发现这个使命罢了。把兴趣当职业可能就是我的使命，然后我正在努力完成它。

作为一个品牌主理人，您的困惑是什么？

认真说好像也没什么困惑，对品牌发展而言，所有趋势其实都有脉络，只是我们能不能参透，洞烛先机很重要，勇于尝试也是。我常说要有历史感，就是去爬梳历史，有很多过去的现象都有一些意义，再有就是眼界要开阔，眼光要远。

如果之前推出的设计师或者作品在一段时间内没得到市场肯定，您会选择继续坚持，还是会寻找新的IP形象？

大致上说来，我会想办法说服市场接受我的审美，毕竟作品本身有很大一部分是我内在审美观的投射，这种说服的过程有时就是成就感的来源。我当然遇到过早期作品没有得到市场肯定或是反馈非常一般的，但其实坚持一段时间后，多数都有令人惊艳的表现。说得文艺一些，我们可以把它看成是时间的淬炼或沉淀，好的创意和产品终将得到回报。不过这确实需要强大的内心，话说回来，历经任何产业都一样，只有

坚持才能走到最后。

现阶段我们倾向于长期性的经营，所以初期就会定义出艺术家作品的走向和本质，然后朝着既定的目标前进，当然过程中会有微调，但本质、框架都是固定的。

您是希望以后玩具都是由大的IP公司运作，还是同样推崇个人或小型工作室操盘？两者之间的差异性是什么？

我个人比较崇尚多样化的模式，市场也该是多样化才会有趣。大型公司较多会采取固定的SOP（标准操作流程）来争取最大利润，这无可厚非。不过有时候就会对应出现审美疲劳的现象，太过雷同的产品也是很乏味的，令人生厌，从长远来说不见得是好事。

有版数的实体作品前提就是要有限量的概念，所以不见得需要大的IP公司操刀，有时小型工作室反而能玩出更多的可能性。我个人还是倾向有更多的品牌参与，品牌方通过作品贯彻理念，自然会显现出市场差异化，对玩家或是艺术家来说都是好事。

VINS

您有没有特别喜欢的设计师，或者是否受到过一些设计师或者艺术家的影响？

我当然有喜欢或特别欣赏的设计师或艺术家。经营品牌和艺廊之后，和艺术家的接触更为频繁，看待艺术家的角度已经从纯粹的艺术内容上升到艺术家的人格品质。上野阳介（Yosuke Ueno）是我相当欣赏的艺术家，不仅和我有着10多年的好友交情，更难得的是，他能一直坚持创作初衷，就算他不是艺术家，我都很庆幸拥有这么一位好朋友。

您觉得潮玩在当下受欢迎的原因是什么？

社交媒体的推波助澜，让年轻世代通过潮玩寻找自我认同感。另外毫不讳言，有很大一部分是因为潮玩被当成投资标的物，其实这无可厚非而且本来就会发生。我们不用自视清高觉得这种现象特别庸俗，不过当然收藏有收和藏的本质区别，真

正懂藏的人可能才是终极赢家。

有一件事值得思考，就是收藏行为形成文化之后，只有好的作品才会留下来。一定有人会问那什么是好的作品？确实，好作品的定义见仁见智，这是一个可以另外讨论的话题。对我来说，从历史中汲取养分，它可以帮助你去判断什么是好的作品。

作为一个资深的潮玩收藏家，您自己现在还会收集玩具吗？通常会收集哪些玩具？

当然，这是一辈子的爱好。不过目前确实收集的频次少了很多，主要是自己花了更多时间研究平面画作。

在您推出的作品或私人藏品里，您最喜欢的三个玩具是什么？

这问题好难回答，只要是我推出的作品，都是我喜欢的，因为不喜欢就很难把它做好，作品少了点灵魂就跟好作品沾不上边。我觉得很难有那种看了20年都不会腻的收藏，这不是作品的问题，而是人的心境变了，而且作品要能流通才有意义。这样说来，其实就很难挑出最喜欢的那一件。

不过对我而言，当然还是第一件收藏最难忘。

对于一个刚刚入门的潮玩玩家，您有什么好的收藏建议？

收藏是一件美好的事。首先不应该一时头脑发热，匆忙入手；其次找一些同好彼此交流也是很有益的；最后就是要相信自己的眼光。

有人喜欢强调系统性收藏，但对我来说，没有系统才是真的系统。收藏初期可能会不加分辨、一股脑地乱收，这很正常也有某种程度的必要，而且事后看来绝对充满乐趣和回味。重点是要慢慢从乱买之中梳理出自己的喜好是什么，眼光落在哪儿，找出自己收藏的调性。当然也要勤于研究，也可以和其他藏家多交流收藏经，道听途说就免了。有余力再多看看各种不同类型的展览，本地的展或是国外的展都无妨，这些都是收藏的必经之路。

对于一个想进入潮玩行业的设计师或者品牌主理人，您有什么创业建议？

资金、策略、热情。

全球都在讨论NFT，您对此的理解是什么？VTSS会加入元宇宙，持续推出NFT相关作品吗？

NFT的去中心化和赋能是一定有它存在和发展的意义的。赋能是一个好的切入点，值得深究。审慎乐观是我看待NFT的态度，我们目前已经和好几个艺术家正在架构NFT的内容，2022年应该会有系列作品问世。

如何判断一个玩具有没有好的升值空间？

　　一件带有版数概念（限量）的作品，理论上都会具有升值空间。影响升值的因素有很多，客观说来诸如作品本身、版数数量、作品质量等不一而足，不过我觉得最主要的还是会落在艺术家身上。大致说来艺术家的发展会有脉络可寻，要去找出这条脉络，观察艺术家的作品是否有持续进步的空间，人格特质是否健全，当然还有品牌方或是艺廊拍卖公司等诸多考量因素，但追根究底，艺术家本身还是扮演着最重要的角色。

关于潮玩对生活的影响，您有什么特别的理解？

　　潮玩理当是生活的一部分，而且也一定会是生活的一部分。这里包含作品和人的互动，作品和空间的互动，有人觉得会是精神的寄托，当然也会存在着衣食住行的实用取向。有些人会说作品充满"疗愈感"，我想这也是其中一部分。

对于您来说，VTSS终极追求的目标是什么？

我觉得对理想的追求是一件美好的事，而且也是作为一个人最幸福的事。我们就是谨记这种美好，努力让更多人体会我们所追求的。

希望有人20年后还记得VTSS这个品牌，或20年后VINS Gallery还是大家逛艺廊的首选。

Ron English

美国

波普之王，涂鸦艺术家

Ron English：假货表明你是一个被抄袭的大人物，但这是错误的

作为一名艺术家，您是如何开始接触玩具的？

我记得小时候买了一些便宜的恐龙玩具，并手绘它们。

您创造的POPAGANDA代表了什么精神？

我们想用一个术语来描述从超级英雄神话到艺术史，这是试金石一般的混搭，其中充满了我的原创角色。

您是从何时开始以及如何开始制作艺术玩具的？

大概是从2000年开始，我们把麦胖与Toy Tokyo的Lev、罗尼兔与黑马结合在一起。在玩具收藏品方面，我们做得非常早。

通常是什么激发了您的艺术创作灵感？

梦境……是的，我可以展示给其他人我的奇幻梦境。

中国和美国的收藏家有什么不同？

我不得不说，中国收藏家更快乐，更有爱心，他们非常了解转售市场；而在美国，似乎有更多的男性收藏家。

谁是您最喜欢的角色或IP？

麦胖、蝴蝶小象、笑齿自由女神、笑齿太阳花等。

与您合作过的名人有哪些？

现在正与 NBA 的凯文·杜兰特和Travie McCoy（Gym Class Heroes乐队主唱）合作。曾经也跟很多有才华的人合作过，比如克里斯·布朗、"枪炮与玫瑰"乐队的Slash、来自林肯公园的Mike Shinoda等，我很幸运能与他们进行创造性的合作。

您与哪些品牌合作过?

耐克（Nike）、绝对伏特加（Absolut Vodka）、卡骆驰（Crocs）、纽百伦（New Balance）等，都是过去合作的一些品牌。

通常您在工作室的工作时间从什么时候开始?

我通常早上5点就到工作室开始工作。

您是一名盲盒迷吗？

盲盒将收藏家们聚集在一起，形成一个重要的社群。拆盲盒是一件让人着迷的事。

翻版或造假的盛行，对艺术家有什么影响呢？

假货表明你是一个被抄袭的大人物，但这是错误的，因为它夺走了别人餐桌上的食物。

如何在不侵权的前提下重造IP？

作为一名创作者，必须保证30%的原创性。

哪些艺术家对您产生了影响？

安迪·沃霍尔（Andy Warhol）、萨尔瓦多·达利（Salvador·Dali）、黛安·阿勃丝（Diane Arbus）以及在我之前和之后的所有艺术家。

您打算如何处理您在拍卖会上得到的近百万美元的班克西作品？您见过班克西吗？

啊，让艺术成为历史！我不知道有没有见过班克西。

您认为街头和波普艺术在今天如此受欢迎的原因是什么？

艺术为所有人所有，街头和波普艺术无处不在。

您自己还收藏艺术玩具吗？

是的，我有一个装满玩具和艺术品的家和仓库。

您最喜欢的3款玩具是什么?

不行。太多了。

大约15年前，我在广州和您初次见面，其后您又多次来中国，您对中国的印象如何?

中国是一个具有深远哲学体系和积极行动力的地方。今天，中国迅速成为这一切的中心，并在某些方面开始领先。

您有什么想对中国的粉丝说的吗?

愿我们早日安全度过这场大流行的疫情，并早日和大家相见。

中国香港

前传媒人，*MILK* 玩具别册及 *GARDEN* 前主编，HAPPI CLASS 主理人

TOMM：只有坚守"玩具 = 快乐"的信念，才能说得上是个懂得去享受玩具的人

能与我们分享一下您作为潮流杂志撰稿人及潮玩品牌主理人的经历吗？

我是在1996年投身出版工作的，说起来这已经是26年前的事了。当时，香港的流行杂志主要介绍娱乐新闻及一些如服装、手机、运动等的资讯。后来因为日本里原宿作为潮流文化集散地的兴起与Hip-Hop街头文化的盛行，杂志内容亦逐渐多元化，陆续引入日本与美国新兴玩具的报道，吸引了很多读者，也带动了坊间愈开愈多贩售这类话题性产品的玩具店的生意。久而久之，玩具成为潮流文化的一部分，尤其如当年日本玩具品牌MEDICOM TOY的崛起，香港玩具教父Michael Lau的走红，给整个玩具行业带来了深远影响。由于我在媒体工作，完整经历过这段"玩具界盛世"的低谷与高峰，也见证了不同品牌从零开始发展成一个又一个王国。在这段一面工作、一面

学习的时光里，我看到过不少业界成功与失败的例子，也看到了这些人的优势和不足之处。我自己也有过运营玩具期刊的经验，加上曾为Hot Toys、Unbox等玩具品牌效力，从各方面累积到了相当宝贵的经验。或许就是凭借这些"历练"，让我更懂得发展品牌时应该怎样走，如何经营，才能少走冤枉路，避免浪费资源、时间和意志。

您是从什么时候开始接触玩具的？是什么原因让您开始从事玩具事业？

当然是从小时候开始接触，特别是童年时代对任何事物都充满好奇心，也因此经常会将玩具拆解研究，就像《玩具总动员》里的玩具屠夫Sid Philips一样。而正式以全职身份加入玩具行业，是2014年离开媒体之后的事了。

很多老玩家在收藏潮玩的起步阶段，都会阅读您负责的*MILK*杂志的潮玩版块"Playground"以及后来您主编的*GARDEN*，它们给了一代潮童启蒙及营养，能跟我们回忆一下潮玩的当年情景与当下有什么异同？

当时主编"Playground"及*GARDEN*的时候，可以说是潮玩的启蒙阶段。大家会

接触到很多新名词，如艺术家、设计师、品牌等，也较愿意花时间去了解他们背后的故事。所以，我们当时担当了信息传递者的角色，负责将这些潮玩界的新名词、新面孔和他们背后的故事带到大家眼前。而当下的年代，我感到整个行业都有点儿变质。大家都只关注"价值"方面，只要有炒卖空间的，不管是什么都盲目跟风，而往往忽略了很多用心经营、诚意十足的人和事。

以前我们会将搪胶玩具、设计师玩具或艺术家玩具视作潮玩，现在因为盲盒等原创玩具的不断扩张延展了潮玩的边界，您对潮玩的定义是什么？

潮玩只不过是一个称号吧。我的理解，每一个时代都会有属于它的潮玩。基本上，能够掀起一阵风潮的，都有资格称作潮玩。但你得真正去了解何谓潮玩，为什么这些东西能引起关注，甚至被人们争相抢购。所以像我们这类从媒体中学习和成长的人，会比较执着于每件事情背后的本质，自然能够在风水轮流转的潮玩世代保持清醒。

作为一个品牌主理人，您挑选设计师的标准是什么？什么样的作品会是您特别想要做成玩具的？

我认为玩具与生俱来只有一个使命，就是带给人们快乐。所以我去建立一个品牌的宗旨，就是纯粹希望给大家带去快乐，不论是购买、赏玩，还是收藏等各个层面，都能够获得快乐和满足。我的团队首先必须要清楚，自己为什么想做玩具设计和生产；其次就是要尊重玩具，尊重我们的顾客。正如我之前所说，当下的潮玩世代，过于将焦点放在"炒卖"和"价值"之上。为此看很多人要忍受熬夜、排队、抽签……的销售手法，很多炒家因抢购玩具而发生冲突等。这些现象的背后，你能告诉我买和卖的双方真的会感到十分快乐吗？至于想做的玩具，只要是"顽皮"的、有趣和好玩的，都是我们的目标。

当下，由于潮玩市场的持续扩张，玩具设计的门槛变低，创意雷同性增高，可能会影响玩家的热情，您如何看待这样的事情？

这个现象，早在2000年原创玩具热潮大爆发时就已开始出现。市场和玩家会自动执行"汰弱留强"的筛选程式。用心去做的或具有知名度作者的作品，自然会被"系统"保留下来。至于玩具设计的门槛变低了，我反而觉得不是坏事。因为只有真正喜欢玩具的人愈来愈多，整个行业才会继续发光发热。我们必须接受任何创作类别，要有"一代新人换旧人"的勇气，要用心扶持新人接棒，给他们多些机会，乐于和他们分享及给予引导。否则，行业及世界怎会进步？

隐藏版、限量版因为稀缺性通常会被市场炒高，您如何理解此种现象？

所谓物以稀为贵，任何产品必然都会有这样的市场推广手法去制造话题、创造价值，这是无可厚非的事。只要大家保持客观、清醒，不盲目追捧，凡事量力而为，尽量用平常心去面对，相信会轻松一点。毕竟，我觉得任何人只有坚守"玩具=快乐"的信念，才能说得上是个懂得去享受玩具的人。

因为盲盒的流行，潮玩在中国市场有着巨量增长，能否判断一下接下来会流行什么，雕塑、原画、版画，或者其他？

盲盒在大陆市场掀起一阵热潮，只是这几年间的事，有点儿像当年BOUNTY HUNTER、KAWS、Michael Lau引爆原创潮玩的时代。由于中国人的消费能力不断提升，拉动了庞大的奢侈品市场，也令大量民众领略到潮玩文化，这对全球的潮玩工作

者来说，实在是件幸事。所以，在往后的日子，我觉得国内朋友经历了潮玩"初阶入门"的阶段后，会认真思考自己真正需要、真正喜欢的是什么。其实除了一些有设计师、艺术家挂帅的潮玩类产品以外，我相信大家下一步会追求一些有内涵及更高品质的东西。最终，每个喜欢收藏玩具的人，必然会有"觉悟"的一日，也就是只追求那些他们真正喜欢和渴望拥有的东西。

潮玩除了是一种收藏品，未来还有哪些可以拓展的领域？

会成为一种沟通语言、一种态度。就像MEDICOM TOY的BE@RBRICK，已经成功到达了这个境界。

我们做了一个调查，很多玩家都想知道的一个问题：品牌对于潮玩的定价策略是什么？

不同品牌对所属产品的定价意味着他们如何去看待自己产品的档次。当然，只要你没有顶级的创意品质，就没有资格将产品定位到高端级别。玩具是不会说谎的，永远也骗不到人。不过，这几年间我倒看到一个奇怪的现象，就是不少叫座的品牌，在定价时已将部分"炒作"空间定在售价之内。在商言商，多赚一点不是问题，但可否也能给予真正支持者应有的同等品质和更佳的体验感呢？

如果之前推出的设计师或者作品在一段时间内没得到市场肯定，您会选择继续坚持，还是会寻找新的IP形象？

我会先为作品定下一个期限、一个目标。如果一直坚持的始终也得不到市场认同，就接受自己的失败。正如我之前所说，市场和顾客早就为大家制定了一套"筛选程式"。不被认同和接受，即是做得不好。人是必须接受批评及承认错误的，故步自封、死缠烂打是创作行业最没意思的行为。

您是希望以后玩具都是由大的IP公司运作，还是同样推崇个人或小型工作室操盘？两者之间的差异性是什么？

我比较喜欢以团队形式去投入一些规模较小但自由度更大的创作，就像一个一起玩了几十年的乐队一样。虽然有说出色的创作人总是逃不过孤独的宿命，但我却很在意身边的伙伴是否志同道合。一起努力而取得成功的士气，满足感绝对大于独自一人的成功。这或者是源于"玩"玩具的初心，一起玩，怎样也比一个人玩快乐吧？至于小型团队和专营大IP产品公司两者之间的分别，必然是业务规模和架构上的明显对比。那些相对"大"一点的公司，内里的人员其实往往对相关玩具和行业文化一窍不通。这类公司一般只注重经济效益，浪费大量时间开一些毫无贡献、毫无意义的颓废会议，利用行政手段凌驾创作，只喜欢无止境地追求数字增长，通常也交不出什么佳作。只要是成本低、多赚钱的就被认为是好产品。我看到这类没灵魂、没热忱的人，恨不得叫他们回家玩手机算了。但客观一点去看，手执传统大IP的企业，如BANDAI、HASBRO、LEGO这些国际级品牌，他们的很多玩具产品也是非常优秀的。而且这些源远流长的玩具IP，像机动战士、奥特曼、蒙面超人、蝙蝠侠、星球大战、变形金刚等，在每一个潮玩时代都占据着重量级位置。我相信原创玩具，亦即所谓潮玩，再花30年时间去发展，也不能取代这些经典产品的地位，但却绝对有能力提升市场整体占有率，皆因受众在品位和接受能力方面的基因不断受到潮玩侵蚀。

您有没有特别喜欢的设计师，或者是否受到过一些设计师或者艺术家的影响？

我最喜欢岩永光、James Jarvis和MEDICOM TOY。前两者的成功在于能将艺术、个人风格和玩具几个元素融合得恰到好处。而MEDICOM TOY这个品牌绝对可以称之为潮玩崛起的第一推手。他们如何将流行时尚、顶尖设计、音乐元素、艺术元素融合在玩具产品上是有目共睹的。我非常肯定这个行业有很多前辈或新秀，包括我自己在内，都是从MEDICOM TOY身上获得启发，打通了创作思路。

您觉得潮玩在当下受欢迎的原因是什么？

能被列入潮玩之列的，在某程度上都具有一点独特的个性和吸引力。大家只有被作品本身的造型、色彩、质感所吸引，才会乐此不疲地把它放在视线范围内，并经常欣赏、把玩。再者，在这个年代，人们对生活品质的要求普遍有所提升。有要求，自然会想美化生活环境，而潮玩就是比较合适且有着极多选择的美化工具了。

作为一个资深的潮玩收藏家，您自己现在还会收集玩具吗？通常会收集哪些玩具？

我已经进入了"觉悟"阶段，当然仍有收集玩具，但只收集一些自己真正渴望拥有的东西，特别是一些年代久远的绝版玩具。

在您推出的作品或私人藏品里，您最喜欢的三个玩具是什么？

第一件是80年代由日本POPY厂牌生产的"大武士"合金玩具，因为我觉得以前在生产技术十分有限的条件下，玩具设计师为这产品投放的心思和创意远比现在只是无止境追求精细、极高的还原度却一点也不好玩的产品更有意思。第二件是日本当年一件非常震撼的汽车作品——"童梦-零"的1：36的玩具车。因为我知道自己永远不可能拥有真的，所以这个陪伴我一起成长的"伙伴"，至今仍然让我爱不释手。第三件是里原宿品牌BOUNTY HUNTER为日后潮玩界打开启蒙大门的首款搪胶人偶KID HUNTER。这件作品虽然不是什么惊世巨作，但却是原创玩具业每个工作者都应该尊重的作品，我会视之为潮玩界的"关云长"，得其庇佑，逢凶化吉。

对于一个刚刚入门的潮玩玩家，您有什么好的收藏建议？

最好不要盲目跟风，只有自己真正欣赏、意欲去了解该作品背后创作动机的，才值得花钱去买、去收藏。

如何判断一个玩具有没有好的升值空间？

我觉得，这个"价值"的真正性质，并非赚了多少钱，而是这件玩具能够为你带来多少欢乐、多少美好回忆。假如我用100元买来的玩具，陪伴我超过20年，而它在市场上的价值目前却只有30元，是否代表它贬值了？那它过去20年为我带来的欢乐与回忆难道一文不值吗？这样去看待一件玩具——将之视为伙伴，人生会过得快乐一点吧？

关于潮玩对生活的影响，您有什么特别的理解？

　　不论是玩具，还是潮玩，在我们的生活里，它们都应该带有一种照亮生命、丰富人生色彩的功效。我始终相信，没有人会认为放在面前的玩具是令人讨厌的东西，能够放在你面前的作品是因为有缘才与之走在一起。希望大家不会糟蹋任何一件玩具，并珍惜它们为你带来过的美好时光。

王宁

中国北京

泡泡玛特董事长兼 CEO

王宁：像迪士尼一样，我觉得让大家快乐是一件很了不起的事情

泡泡玛特在香港成功上市，引起很多投资人及业内人士的热议。大家都在分析，为什么泡泡玛特能在短短的几年把大家觉得特别小众、不起眼的潮玩行业带动起来。您能总结一下成功的原因在哪里吗？

也不能说短短几年，其实泡泡玛特火起来也好几年了。我们相较于很多其他新兴行业已经存在挺长时间了，包括最早想签Kenny。其实2016年签他之前我们就已经做了几年Sonny Angel的销售，那时候我们都已经感受到了潮流玩具的兴起及其背后的商业力量和价值。

我觉得成功的核心原因主要有几个：第一，我们在一定程度上"重塑"了这个行业。所谓的重塑，其实当年我去找你的时候，我们更像是一个外行，因为内行会用原来内行的方式去做，我们相当于用了一种看似外行但更商业的方式，一定程度上把这个行业给"革新"了。我自己觉得，就像原来的音乐行业一样，可能有很多大师、钢琴家，原来他们就处于一个半商业化的状态，他们的文化和商业雏形，就是找最好的剧院，卖最贵的门票给少数人听。只不过我们就像是一家唱片公司一样，把音乐录成了CD，又以一种更商业化、更快速的方式去做普及。这就是我们对这个行业所做的改变吧。第二，原来的潮玩行业，我们发现是一个以男性为主的行业，我们帮它做了

一个转向，更多地切入女性的市场，这对这个行业也是一个推动。第三，我觉得这跟国内这类文化的兴起也有关系。一方面，国内的商业基础设施正进入一个新的阶段，线下的购物中心这十年在中国的蓬勃发展，为品牌进行连锁、直营化打下了很好的基础；另外，线上销售也已经很完善，像京东、天猫、淘宝的线上支付，还有小程序帮助实现线上销售。商业基础设施的日趋完善，可以帮助品牌快速成长。另一方面，小红书、微博、微信、抖音等新媒体渠道的兴起，也帮助很多小众文化品牌快速出圈。我觉得这都是社会推动的底层原因。最近这十年，"90后""00后"变成了消费的主体，很多他们原来喜欢的、热爱的东西都会走到主流舞台。所以，我觉得这是综合助力的结果，有我们的努力，有社会的基础，也有时代的推力。

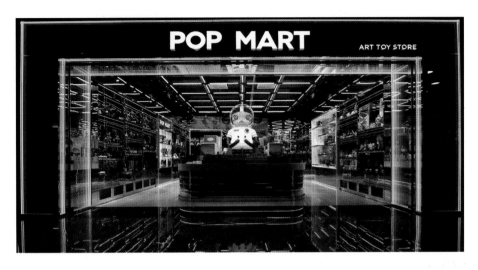

我看您以前接受采访时说过："我喜欢商业，但又不怎么喜欢商业。"这句话怎么理解？

其实所谓的喜欢是因为商业跟艺术是相对矛盾的：艺术追求"独特"，艺术家越独特，给人们的感觉越艺术，所以说艺术家都是追求独特性的；商业当然希望"普遍"，越多人喜欢就越商业。所以说，这是关于"独特"与"普遍"或"理性"与"感性"之间的一场博弈。我原来说的商业更多的是关于"效率"的事情：怎么用更低的成本提升更高的效率，把这些东西做出来，更大众化，从而获得商业的成功。而艺术呢，我们又不喜欢做那种"钢筋、水泥、螺丝钉"纯效率的事情，我们想追求艺术的东西，但也不能太艺术，不能做出来太独特了，只有自己喜欢。所以说，还是希望更多的人能够接纳这个文化，但它肯定还是属于商业，这就要做到一个平衡，关于"理性"与"感性"的平衡、"商业"与"艺术"的平衡。

我常常会拿很多商业作品来举例和艺术家说：也许你想要做一座高迪的房子，想要做一辆兰博基尼的汽车，这些可能看起来很酷炫、很独特，像高迪的教堂一样艺术，但我们不能说桑塔纳、iPhone这种很多人都用的东西就不是艺术品；从另一个角度，它们也是伟大的艺术品。我们能做出一件人人都用的艺术品，也是一件很伟大的事情。这就是很完美的商业与艺术的结合。

很多行业一般火起来都会进入一个竞争的白热化阶段。你看潮玩行业都这么多年了，去年我们上市，又带动了一大批人进入这个行业。当然，这是好事情，说明大家认为这是个"行业"。至少我觉得2016年我们在你家喝茶的时候，估计没有人认为这是个"行业"，充其量只是一个小"爱好"；不会有人相信这是门生意，或者说是能做大的生意；也不会有人相信大人会买玩具，因为他没这个需求啊！所以，在一定程

度上我们创造了一个行业。当然，现在大家慢慢认为这是个"行业"之后，很多人加入进来，水准就有可能参差不齐，会遇到各种各样的问题，例如抄袭、模仿。当然，很多都是抄袭我们，例如抄袭我们线下店的装修、自动售卖、线上小程序，包括售卖形式、售卖方式、产品节奏……一定程度上，我觉得也挺开心，就像我跟你说的，作为行业开创者，一直在带着大家往前走，也在积极探索，制定很多行业规则。但总的来讲，我对这个行业的理解，有点儿像音乐行业。首先，我们带动的是千千万万人喜欢上音乐，但这不代表就会有千千万万优秀的歌手。可能改变世界或者说影响世界的优秀歌手，也就那么十几、二十个人。其次，我们的价值还在于去发现真正闪光的艺术家、有持续创造力的艺术家，再把他们的作品发扬光大。最后，我觉得这个时代还是需要我们中国自己的文化输出，需要我们自己的更优秀的IP。

就像"抖音"一样，用我们的方式，有点儿弯道超车的感觉。我相信"抖音"就是给了千千万万人一个舞台，大家都可以上去表演，然后筛选出来。这和潮玩很像，相当于重新给了很多设计师和艺术家一个舞台，他们可以跟那种当年迪士尼需要大投入的IP在同一个舞台竞争。这是最大的意义。

现在很多设计师也特别想跟泡泡玛特合作，你们会怎么去挑选设计师？

重点还是看设计，坦白讲，我觉得越往后对设计师的要求就越高。就像一张白纸被越画越满时，你再在这张纸上去创作，难度就会很大，多多少少都会有其他设计师的影子，可能眼睛像这个，鼻子像那个。对于我们来讲，肯定是想找到那些非常有独特性、有自己设计语言、相对来讲持续创造能力比较强的、有很多自己想法的设计师，当然也希望他们表达的主线和我们想要表达"美好""快乐"的主线相对一致。

盲盒从一开始主流的都是可爱、萌风格的，但是泡泡玛特后来推出了像Skullpanda、Labubu这种跟传统流行盲盒不太一样的玩具，你们是不是一直会拿出一部分资源去探索未来新的IP的流行趋势？

一方面我们去探索，另一方面我觉得我们更像是个平台。也就是说，我觉得设计师或艺术家是从这个平台上跑出来的。比如说，我们在整合供应链、整合零售渠道、整合艺术家资源、整合营销资源、整合平台资源以后，泡泡玛特现在变成了一个赛场，一方面他们（设计师、艺术家）可能实力很强，另一方面他们确实是赛跑跑出来的。

近几年盲盒特别多，特别是小工作室贸然进来，多种原因导致很多盲盒跳水，请您判断一下，未来的盲盒是不是还会主要集中在大型公司，这样才能更好地去运作它？

首先，就像你说的，盲盒的开发运营成本还是挺高的，一般我们一款（盲盒）系列投入从三百万到几千万元不等，我觉得其实这放在任何一个行业，都是不小的创业成本。其次，大家的审美变化速度还挺快，盲盒的开发周期又很长——大概要8到12个月的时间。现在你觉得这个还挺流行，就按这个流行去做，可能12个月以后，产品做出来就卖不出去了。所以说，接下来我觉得对这个行业的要求还很高，包括对创作者、对整个产品的预测能力，对渠道的把控能力，对市场的运营能力。我觉得经过这么多年的积累，我们可能会相对有优势一些。

现在很多盲盒价格会被炒高，有利有弊，不炒高不行，炒得太高，普通玩家又觉得很矛盾，您如何去判断这个问题？

其实你会发现我们从来不参与二手市场，当然我们有很多次机会，包括你看我们最早做潮玩社区"葩趣"，也有很多次投资机会，现在市面上很多二手的平台找到我们，因为我们占比也挺大。我们其实都直接放弃投资，也不参与。我自己觉得，我们更关心的还是一手市场，二手市场的起伏涨跌并不是我们考虑的第一要素。我们考虑的第一要素是这个艺术家好不好，有没有价值，这个作品好不好。有很多作品本身也不是那么好，但可能就因为它的数量少或者炒作二手溢价空间比较高。这对于比较小的工作室或许有意义，但是对于我们这样销售目标都是几十万个的公司来说，这就没有意义，所以我们不会那么关心二手市场。

从小娃盲盒到1000%的太空MOLLY，还有潮流艺术运营机构inner flow，从泡泡玛特的角度来说，您觉得潮玩的下一步可能会流行什么呢？还会拓展哪些领域？

我们现在还是会在签约艺术家方面发展，有潜力的艺术家还是挺多的。今后大家还是能够看到很多新艺术家（作品）。从方向上来讲，不能说潮玩会变成什么样子，我觉得它已经成了一个载体。就像很多人问我："潮玩还能流行多长时间？以后还会流行什么？"我就会说，就跟你问音乐还能流行多长时间一样，音乐一定会存在很长时间，只不过用什么样的形式表达音乐，有可能每天都在变化，以前你喜欢摇滚，现在你喜欢说唱，明年也许喜欢其他。换作歌星也一样，今天流行这个歌手，明天流行那个歌手，音乐这种方式不会变。就像今天冰墩墩火了，把冰墩墩做成潮玩，它一样会火，因为它已经变成了一个载体。

如果有一款设计师作品推出了好几款盲盒后也不是特别火，通常你们会怎么处理，是不再推了，还是继续去尝试？

我觉得这是关于我们平台资源的问题，我们会把资源划分成A、B、C这些不同的级别，这些艺术家也会分成A、B、C。这个级别是流动的，对不同级别的艺术家或者不同级别的IP会根据他的表现匹配不同的资源。比如说，刚开始给他定义为B级，资源配置得很少，突然他就爆了，那发布第二个系列时就会给他增加各种各样的资源；那如果发现销售不好，就再调减他的资源。

以前做潮玩都是很小的工作室，像香港很多都是三五个人的小工作室，而现在像泡泡玛特这种巨量级的公司开始增多。您觉得以后是两者平衡生长，还是会越来越倾向更大型的公司？

我觉得创作肯定是小型工作室会多一些。但是我觉得会分阶段，小型工作室就跟以前一样适合做一些少量的，做一些搪胶的开模费便宜的，先去市场试水，然后根据大家的反馈再进入下一个阶段，它更像是一粒种子。

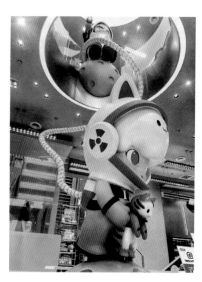

您自己有什么特别喜欢的设计师吗？

我们头部这几个IP，像MOLLY、DIMOO、Labubu、Skullpanda、小野的设计师，其实我都还挺喜欢的。

对于从盲盒开始进入潮玩系列的新入门玩家，您有何建议？

我也没有什么特别的建议，大家可以去买一些"陪伴"的东西，也许你觉得每天在办公室待的时间很长，就想在家里、客厅里有一些陪伴你的物件，可以入手一些潮玩，如小动物造型的、人偶、手办或者颜色丰富的，它们会让你的生活空间多一些温暖和快乐。找一些你自己喜欢的风格，能增加生活小确幸的东西就挺好。

对于想要进入潮玩行业创业的人来说，您有何建议？

我的建议，第一肯定还是不要盲目跟风。因为这个行业竞争比大家想象的还要激烈，包括我们内部每年毙掉的设计就有很多。坦白讲，我们内部毙掉的这些设计，比市面上有些小公司的设计都好很多。你想如果我们自己都有一些设计内卷的话，那圈外内卷得更厉害，我觉得这意味着非常激烈的一个竞争。如果小工作室市场渠道等资源不是很好的

话——并不是你有一腔热血，觉得这个行业能赚钱就进来——我相信多数人其实都应该不是很容易吧。当然有些我觉得还是需要鼓励，就是那些真正的工作室，并不是从商业角度杀进来的，而是真正的一些艺术家、创作者。就像当年香港那些艺术家，哪怕从做50个、100个搪胶慢慢开始，再发展到今天的规模，我觉得这个市场和这种形式一定会一直存在。

泡泡玛特也投了很多不同的项目，未来在您的赛道版图里，泡泡玛特更倾向于往哪个方向投入发展？

泡泡玛特原来的主题更多的是贴近潮流，但我们未来的战略方向还是想更贴近快乐。我们觉得在这个时代让大家快乐还是一件挺重要的事情，你想这几年包括疫情，大家总是觉得心头压着一块石头。我们希望不管做乐园还是游戏、手办、内容，我们一直说想做一家传递美好的公司，希望去做一些给大家传递快乐的事情，就像迪士尼一样，我觉得让大家快乐是一件很了不起的事情。

这两年大家都讲国潮，泡泡玛特也签约了很多国内艺术家，泡泡玛特会如何推动国潮前行？

我觉得这两年大家说的国潮，更多的是让国内优秀的品牌可以在销售上跟国外品牌较量一下。我希望我们进入一个全新的阶段，不是在国内跟谁较量，而是直接跑到国外去较量。你看我们在伦敦、新西兰开店，今年我们还在涩谷开旗舰店，在首尔有独栋的旗舰店，甚至在巴黎香榭丽舍大街都会开店。我自己觉得我们在这种文化领域要真正走出去，海外店的反响都非常好，而且当地的玩家比例非常高。很多品牌为了海外战略，可能还亏钱，但我们是真正有受众、有消费、商业逻辑成功、大家愿意为我们买单的一个品牌，而且是全新的品类。在全世界范围之内，也没有谁在跟我们做同样的事，即使有类似，也不是完全一样。

现在大家都觉得潮流玩具、版画跟NFT这个项目接近，玩家高度重合，大家都在探索，在这方面你们有什么计划吗？

我觉得NFT确实是一个通过区块链帮数字艺术实现商业化很好的手段。我也认同它的本质是将来会把很多数字资产进行证券化的一个很好的手段。但是回到我们现在做的事情，很多人将NFT与数字艺术结合，而艺术本身是一种共识价值。也就是说，为什么我们都认为这幅画它是凡·高的就值很多钱？那是因为我们一起达成了这样的共识，共识价值带来了它的艺术价值。我觉得现在的NFT处在需要达成共识的阶段，不只于艺术价值，还要先达成对区块链的共识，再达成对交易方式、虚拟货币的共识。那我觉得在还没完全达成这些共识之前，现在说这第三层共识还为时尚早，可能还需要一段时间去探索。

我记得您有一年的演讲主题是"一个理想主义者的奋斗"，那您个人的理想是什么？泡泡玛特的理想是什么？

第一，大的理想是我们想做一家伟大的公司，或者说创造一个伟大的品牌。现在慢慢地我们有更多的力量了，也希望离这个目标再近一些，给自己更多的时间。什么是伟大？有些可为，有些不可为，从我们销售额上来讲，其实可以说很多，也可以说很少。因为它跟其他产业比，例如跟地产比，还不如一个楼盘的销售额；可能跟很多其他零售相比，我们是很小的企业。但是你会发现，好像大家都觉得我们的影响力在慢慢增加，就是因为我们希望做的可能不只是那种为了挣钱的商业或者说那种冷冰冰的商业，而是属于真正意义上传递一种文化、诞生一个行业、引领一个潮流的这样一家企业。我们做的是从0到1的事情，真正也能为改变世界做点自己的贡献，而不是一味跟风，甚至能够成为世界级的企业。我们现在陆续在世界各地开店，如果能够引领全世界的一种潮流和文化，给更多人带来快乐，在获得商业成功的同时，又能够去帮助很多艺术家、设计师实现他们的价值，我觉得这都是非常有意义的事情。

喜生：KAWS 和村上隆对艺术性与商业化的平衡，给了我很多启发

请介绍一下您与"幸会潮玩"，另外能与我们分享一下您作为品牌主理人的经历吗？

我是喜生，创办"幸会潮玩"之前曾从事过创意策划工作，之后与朋友一起开过广告公司，创办过国内较早倡导跨界创意的独立杂志《鲜氧》，也有过一段时间的跨界策展和艺术顾问的经历，2016年初创办了"幸会潮玩"。

您是从哪一年开始接触玩具的？是什么原因让您开始从事玩具事业？

我是从2016年初创办"幸会潮玩"后开始做潮玩，其实公司最初的定位是国内第一家韩国独立设计师集合店，潮玩只是其中的一部分，运营到2017年底的时候决定将定位更加聚焦，选择了潮玩。之所以选择聚焦于潮玩主要有两个原因：一是潮玩是能将艺术、设计与商业结合的最佳载体，这非常贴合我过往的经历，也符合一直以来我希望将艺术和设计推向大众化的理念；二是潮玩的粉丝黏性更强，和粉丝的互动性也很强，调性比较年轻、更潮流，也比较好玩。

以前我们会将搪胶玩具、设计师玩具或艺术家玩具视作潮玩，现在因为盲盒等原创玩具的不断扩张延展了潮玩的边界，您对潮玩的定义是什么？

我认为潮玩是将艺术、设计与商业结合的最佳载体，它既有作品的属性，也有商品的属性，关键要找好两者最佳的结合点并把握好其平衡点。潮玩可以是艺术品，如艺术家、设计师出的ONE OFF系列或是限量版，也可以是盲盒或是价位低一些的、更为大众化的玩具或是相关衍生品，潮玩不只是玩具。

很多设计师或者艺术家可能会想要与"幸会潮玩"合作，想知道您从什么样的渠道挑选艺术家合作，您挑选的标准是什么？什么样的作品会是您特别想要做成玩具的？

大多数情况下是我们主动选择我们想要合作的艺术家和设计师，也有朋友推荐或是艺术家、设计师自荐的。我们选择的标准是能够创作完美极致原创作品的艺术家和设计师，我们也希望经由"幸会潮玩"出品的，无论是价格相对便宜的盲盒、衍生品还是价格高昂的艺术品原作，都能达到完美极致的水准，而且希望能够让大家长久喜欢，更希望成为经典。完美极致、有趣而独特的作品会是我们特别想要做成玩具的。

当下，由于潮玩市场的持续扩张，玩具设计的门槛变低，创意雷同性增高，可能会影响玩家的热情，您如何看待这样的事情？

中国的潮玩市场目前还处在相对初级的阶段，必然会出现创意雷同甚至模仿抄袭的现象，粉丝和市场也容易跟风。但由于竞争激烈，国内的潮玩市场面对的是与全球优秀的艺术家、设计师共同竞争的环境，自然进步也非常快，水平不高的或者是商业运营能力欠缺的艺术家和设计师会快速地被淘汰。

隐藏版、限量版因为稀缺性通常会被市场炒高，您如何理解此种现象？

　　隐藏版、限量版因为稀缺性通常会被市场炒高，这是潮玩行业的一个常见现象，也是这个行业的魅力所在；但也因为现阶段国内市场不成熟，有挺多人为炒作、操纵市场的现象，让这个行业显得比较混乱浮躁，让很多粉丝上当受骗。随着市场的逐步规范，粉丝越来越成熟，这种恶意炒作的现象自然会越来越少。

　　因为盲盒的流行，潮玩在中国市场有着巨量增长，能否判断一下接下来会流行什么，雕塑、原画、版画，或者其他？

　　整体来看，潮玩在中国的未来发展趋势会更接近于日本、欧美市场，粉丝和藏家

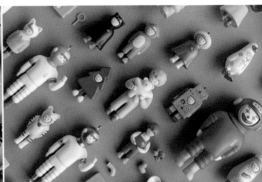

的喜好以后会更加个性化、多元化；限量公仔以及各类围绕着艺术家、设计师的IP形象开发的独特衍生品会更受欢迎。

潮玩除了是一种收藏品，未来还有哪些可以拓展的领域？

潮玩除了是一种收藏品，未来可以拓展延伸的领域很多很广，比如家居，包括家具、地毯、台灯、花瓶、音响等，总之会延伸到大家生活的方方面面。

因为幸会代理了很多韩国艺术家的作品，你认为他们和国内潮玩艺术家有什么不一样吗？

整体来看，因为韩国的潮玩市场出现得比国内的更早一些，所以韩国艺术家的作品成熟度普遍更高一些、更有细节、更耐看。但是国内艺术家的水平提升很快，近两年也涌现出一批优秀的潮玩艺术家和设计师。

我们做了一个调查，很多玩家都想知道的一个问题：品牌对于潮玩的定价策略是什么？

不同品牌对于潮玩的定价策略不太一样，同一个品牌对不同艺术家或是不同类型的潮玩衍生品的定价策略也会不一样。较为普遍的定价策略是：如果希望成为量大的爆品，通常采取价格相对较低、性价比更高的定价策略；如果是数量稀少的限量品，价格会相对高；受欢迎的、粉丝基数大的大牌艺术家的价格会相对高一些，尤其是限量公仔。

现在这个看上去很火的潮玩市场，在发展的20来年里有高潮也有低谷，促使您在这个行业坚持的动力是什么？

其实我真正在潮玩行业的时间并不算很长，从创办"幸会潮玩"开始算起差不多六年多一点的时间，促使我在这个行业坚持的动力是这个行业很有活力、朝气蓬勃，潮玩又是将艺术、设计与商业结合的最佳载体。能够将爱好和事业融为一体我感到非常幸运，会一直坚持下去。

作为一个品牌主理人，您的困惑是什么？

在经营一家公司或是打造一个品牌的过程中，总是会遇到各种问题，还好我本人喜欢迎接挑战，凡事乐观应对，积极解决，所以真正的困惑并不多。潮玩行业这几年飞速发展，需要学习的东西很多，不仅需要快速提升自身专业水平和管理能力，也需要带领团队成员一起快速成长并对市场的快速变化做出积极回应和调整。

如果之前推出的设计师或者作品在一段时间内没得到市场肯定，您会选择继续坚持，还是会寻找新的IP形象？

这个要视情况而定，要分析根本的原因。大部分情况下，我们会选择继续坚持，但可能会调整作品的概念和经营策略。潮玩有其商业性的一面，在市场成熟度不高的现阶段，除了作品本身，运营策略以及宣传推广的水平也是一个潮玩品牌能否成功的关键所在。

您是希望以后玩具都是由大的IP公司运作，还是同样推崇个人或小型工作室操盘？两者之间的差异性是什么？

我是希望潮玩行业更加多元化，形成百花齐放的局面，粉丝们和藏家也可以收藏到更为丰富、更有收藏价值的潮玩作品。至于玩具是由大的IP公司运作，还是由个人或小型工作室操盘，这个要具体情况具体分析。相对来说，大的IP公司在资金、资源方面更容易规模化；个人或小型工作室操盘相对更为灵活、更个性化，个人或小型工作室如果擅长商业运营，也能推出规模化的爆品，这些并不能一概而论。

您有没有特别喜欢的设计师，或者是否受到过一些设计师或者艺术家的影响？

喜欢的艺术家、设计师其实很多很多：首先，我们代理的艺术家和设计师的作品

肯定都是我喜欢的；此外，还有很多很多我们目前还没有合作过的艺术家、设计师，如奈良美智、KAWS、村上隆等。奈良美智的作品相对更艺术、更纯粹，相信奈良美智的作品对整个潮玩行业的从业者或多或少都会有一些影响；KAWS和村上隆对艺术性与商业化的平衡也给了我很多启发。

您觉得潮玩在当下受欢迎的原因是什么？

潮玩在当下受欢迎的原因有几点：一是相较于收藏艺术品，潮玩价格更亲民，每月不论投入几百元还是几百万元，都能够从中找到乐趣，潮玩作品也更容易被理解、更有亲和力；二是在经济全球化的时代，人们变得越来越浮躁，生活节奏也越来越快，年轻人普遍更加孤独，更需要一些精神上的陪伴，潮玩可以变成年轻人的玩伴或者是精神依赖；三是潮玩本身的潮流性让年轻人觉得收藏潮玩是一件很酷的事情，用潮玩装饰自己的家或者是自己的办公室（办公桌），时时看着自己收藏的潮玩，可以变得更快乐，也能彰显出自己的与众不同。

作为一个资深的潮玩收藏家，您自己现在还会收集玩具吗？通常会收集哪些玩具？

从事潮玩行业之后，一直在不断地收集玩具和潮流艺术品，我是以收藏艺术家的限量版或者是ONE OFF系列玩具为主。

在您推出的作品或私人藏品里，您最喜欢的三个玩具是什么？

第一个是James Jean的一对全球限量35个版号的玩具，喜欢的理由不仅是这对作品完美稀缺，而且James Jean也曾与"幸会潮玩"合作过，是我最欣赏的艺术家之一；第二个是*VISIONAIRE*出品的两套服装设计大师参与创作的限量玩具，喜欢的理由是*VISIONAIRE*是我最爱的杂志之一，这两套玩具套装，每期由10位服装设计大师来创作，件件精彩，堪称经典；第三个是"幸会潮玩"出品的SML的悟空限量公仔喜欢的理由是SML是"幸会潮玩"代理的第一个设计师团队，与SML合作的悟空限量公仔，也是"幸会潮玩"出品的第一个限量公仔，对"幸会潮玩"和我本人都有特别的意义。

对于一个刚刚入门的潮玩玩家，您有什么好的收藏建议？

如果目的是收藏，最好把潮玩当作爱好和乐趣，先通过各种渠道多学习研究潮玩行业，与资深藏家多交流学习，提高自己的专业知识和鉴赏能力，其次才是保值升值等投资方面的考虑。潮玩收藏要培养自己的眼光和判断力，不要盲目跟风、随大流，多收藏有水平的艺术家和设计师的潮玩作品。

对于一个想进入潮玩行业的设计师或者品牌主理人，您有什么创业建议？

建议创业要慎重！潮玩行业目前在国内的竞争非常激烈，创业前要想清楚自己是否做好了创业的心理准备，要多问问自己的核心竞争力在哪里，自己的专业水平如何，是否有较强的运营能力。如果没有较强的运营能力，那要如何弥补，以及自身的团队管理能力等，都要尽可能地多考虑。

全球都在讨论NFT，您对此的理解是什么？"幸会潮玩"会加入元宇宙，推出NFT相关作品吗？

目前有一些NFT方面的专业机构正在和我们谈有关我们代理的艺术家和设计师的NFT项目的合作。

如何判断一个玩具有没有好的升值空间？

判断一个玩具有没有好的升值空间，不仅要靠经验的累积，也要靠自己的直觉。从经验的角度来看，如果是有一定资历的艺术家或设计师，有以下几点可供参考：看艺术家或设计师过往的简历，看他参加过什么样的重要展览，以及这个艺术家或设计师的是否能够一直保持较高的创作水准；也要研究一下艺术家或设计师以往作品的二手成交价以及拍卖纪录等，看看以往作品是否一直在升值；如果是一位初出茅庐的新人的玩具作品，主要看作品就行，看看这位艺术家或设计师的作品是否原创，是否有足够的突破性，是否完美极致，其以往的作品是否每件都能保持较高的水准。

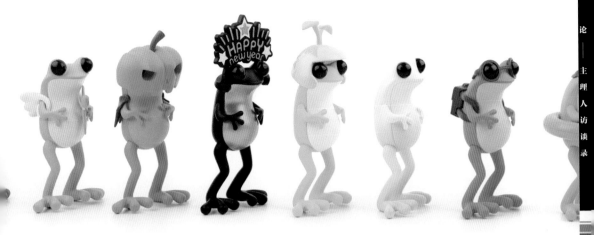

关于潮玩对生活的影响，您有什么特别的理解？

潮玩可以渗透到年轻人生活的方方面面，潮玩会让一个人的生活变得更加潮流、更有质感！收藏潮玩可以让人生更加丰富多彩，增添更多生活的乐趣，让精神变得更加充实！潮玩也可以让你有更多的同好，丰富自己的社交圈。

对于您来说，"幸会潮玩"终极追求的目标是什么？

"幸会潮玩"终极追求目标是成为潮玩行业的苹果公司。为此，我和公司同仁会一直朝着这个目标不懈地努力！我们希望能够与全世界最优秀的艺术家和设计师合作，持续推出完美极致的爆品玩具及相关衍生品。

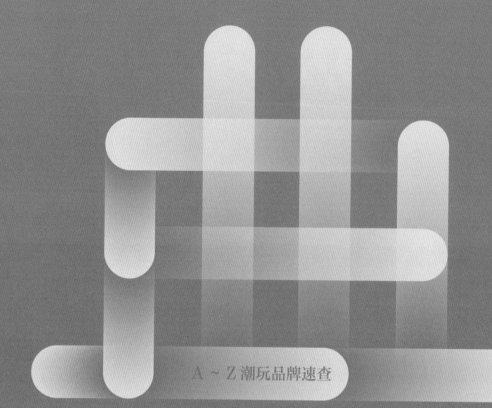

A ~ Z 潮玩品牌速查

第三章

典——A～Z 潮玩品牌速查

理解作品的捷径，就在于与艺术家交流。这也是带动下一次收藏与计划的来源，也是我五年来所学到最精华的收藏经验了。

——日本收藏家 宫津大辅

潮流或艺术玩具，能有今日之全球接力的火爆，

一方面是全球变平的催化效应，另一方面当然是"人海战术"的推动，

无数潮玩品牌或艺术家及玩家的联袂加盟，使这个行业不断融入新的DNA，创造出更多令人兴奋的潮玩，

以下"A～Z潮玩品牌速查"，其实只是诸多潮玩品牌中极少的一部分，现在以及未来还有更多的艺术家及其品牌、作品释出，希望读者自行增补。另外，有些品牌的主理人出现在前面的采访章节，这里亦未重复收录。

注：品牌以首字母排序，排名不分先后。

艺术评级：指的是艺术力。

保值等级：指的是作品保值指数。

粉丝原力：指的是粉丝狂热度。

中国福建

ANDYTCT

艺术评级：★★★★☆
保值等级：★★★★☆
粉丝原力：★★★☆☆

　　我一直没有告诉ANDYTCT 的主理人陈申晟（Andy），我入手他的第一个作品，是一个红色的风狮。在香港旺角一间玩具店，当时也不知道它是国内设计师作品，只是觉得这个玩具与中国传统文化结合得很棒，店里只剩下最后一只，连头卡好像都没有了，但是我并不介意，有玩具就好。

　　Andy是个福建人，福建本身是个民间传说很多的地方，而Andy努力成为一位中国"民间"潮流艺术家，既是独立玩具设计师，也是插画师与雕塑师。他从小画画，也喜欢怪兽故事，痴迷于地方传统文化与神话传说。2013年，他开始从事玩具、艺术相关的工作，2016年成立个人艺术工作室ANDYTCT，并开始制作独立玩具和陶瓷雕塑。通过玩具可爱的外在表达内在的中国文化，让具有独特地方文化内涵的玩具与雕塑作品在世界潮流艺术里占有一席之地。

　　ANDYTCT与MEDICOM TOYS及MINDstyle两个王牌级品牌合作，陆续推出了包括风狮、雨狮鱼、冰麒麟、小龙虾、龙须面、多纳龙、龙记甜品等在内的形象，光听名字就有浓浓的中国趣味。ANDYTCT的作品参加了全世界各种艺术、玩具、潮流展览，大概这就是我们想要的国潮。

中国北京

AICHIAILE

艺术评级：★ ★ ★ ★ ☆

保值等级：★ ★ ★ ★ ☆

粉丝原力：★ ★ ★ ☆ ☆

　　AICHIAILE（爱吃爱乐）成立于2019年，由艺术家韩宁、李雁共同创建，通过绘画、雕塑、公仔、生活类等产品，以多种形式来表达活力的生活态度和美学理念。每次在玩具展见到他们，都会特别开心，因为我们都乐于分享一些关于潮玩的话题，此外AICHIAILE的潮玩太空狗等作品如阳光一般，总能在温柔的单线条背后传递出一种美好生活方式及向上的力量。

　　AICHIAILE已推出8个角色，每个角色都有自己的性格和故事：Puppy Tang F4，

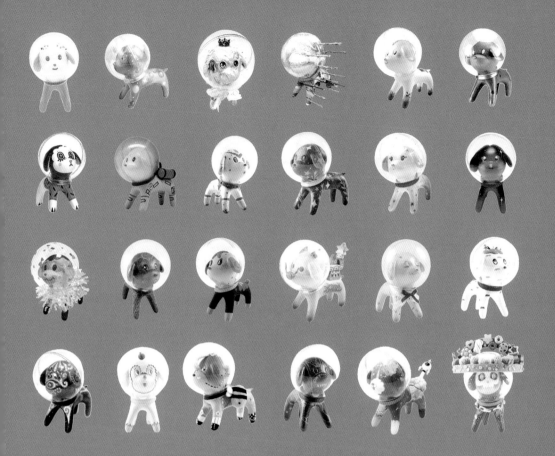

国内的第一只太空狗公仔；Puppy Tang F2，唐唐，一只双脚站立的小惢狗；昆浠，一个热爱生活、喜欢植物和小动物、勇于探索的女孩；蒲兰兔（Plan Two），一只来自遥远星球的兔子；小小孩，一个圆圆脸、敢于表达的小朋友；太空小子，一个勇敢机智的男孩；蘑菇小孩，一个蘑菇精灵；小房子，一间温暖兼具智慧的小房子。

除了自创的公仔作品之外，AICHIAILE还通过联动的方式，努力让玩具走向国际。在2019年初，它开启了PUPPY TANG艺术家合作计划，邀请国内外优秀的具有个人作品风格的艺术家、设计师参与到Custom Puppy Tang F4的活动中来，目前有来自近10个国家和地区共24位艺术家参与到此活动计划中（此计划目前仍在持续进行中）。

英国

Banksy

艺术评级：★ ★ ★ ★ ★

保值等级：★ ★ ★ ★ ★

粉丝原力：★ ★ ★ ★ ★

被称为街头艺术第一人的Banksy（班克西），还被《时代周刊》评为全球百大最具影响力的人物之一。但是，却没有人知道他究竟是谁，是一个人，还是一个组织。他在ins的粉丝数直线上升，远远超过KAWS等一众当代潮流艺术家。

班克西的作品往往具有高度批判性，借由街头涂鸦宣扬反战理念，用"恶搞"的形式反对艺术商业化和消费主义，批判社会现实，暗讽一些有影响力的社会事件。作为神秘的街头艺术家或者是破坏者，班克西曾假扮成维修工人在地铁车厢内涂鸦，在角落里画上他标志性作品之一的老鼠。

作为艺术界的神秘大盗，他最为反叛的艺术反击是：2018年他的涂鸦《女孩与气球》（Girl With Balloon）以高达104万英镑在伦敦苏富比拍卖会上成交，但落槌后不到几秒，画框内的画作自动下降被绞成条条碎纸，令包含收藏家在内的全场人目瞪口呆……其后，却是一连串的商业化增值——《女孩与气球》涨了好多倍。

近年来，班克西的玩具分别由三家公司推出，包括日本的Medicom Toy、新加坡的Mighty Jaxx以及中国的Zigger，它们都是由有版权争议的英国的Brandalied授权。

中国北京

BEASTBOX / MAGABOX

艺术评级：★ ★ ★ ★ ☆

保值等级：★ ★ ☆ ☆ ☆

粉丝原力：★ ★ ★ ★ ☆

　　"我收藏的，不只是玩具""让生活再有趣一点""让收藏玩具，成为更多人所热爱的生活方式"，这些都是52TOYS的宣言，他们致力于"做一家伟大的玩具公司"。

　　他们的品牌主张及愿景，充满了生活气息，非常生动。52TOYS拥有盲盒、机甲变形、可动人偶、静态人偶、设计师/艺术家玩具五条产品线，自研IP包括KIMMY&MIKI、BOX系列、超活化系列、招财宇航员、皮奇奇、Lilith等。

其中猛兽匣（BEASTBOX）和万能匣（MEGABOX）是热门代表，尤以猛兽匣为主。这个系列的变形机甲玩具，每一款都是一种机甲动物，并按恐龙族、巨兽族、鸟族、水生族、虫族进行了种族划分。该系列产品最大的玩点在于，无论每一款是什么动物，具有多大体积，都可以通过变形把玩，利用精巧的空间转换手法，收纳成一个5厘米见方的BOX形态——大概这才是真正可以玩的玩具吧。目前这条产品线已研发6年余，产品数量达到上百款，粉丝几十万。在国内外各种机甲题材作品不断涌现的当今，猛兽匣和万能匣这类特色鲜明的产品，成为玩具收藏品中的一股清流，令很多粉丝爱不释手。

中国香港

B.WING

艺术评级：★★★★☆

保值等级：★★★★☆

粉丝原力：★★★☆☆

　　我最早知道B.WING的作品A仔，是缘于百老汇等影院片头的"观影礼仪"，里面的主角就是A仔联盟。有一段时间，A仔还活跃于微信表情。有很多粉丝也可能是通过iToyz知道A仔。B.WING毕业于英国国立密德萨斯大学，从2003年开始全职艺术家生涯。有着大大黑眼圈的A仔，源于B.WING的第一本著作《我会永远爱你，直到你死》。据传，A仔的诞生缘于B.WING有一次工作烦闷时在餐巾纸上的涂鸦：有一双大大的黑眼圈的小男孩，孤零零地站在纸上……

　　这有点儿像是童年情境再现，其实，很多艺术作品的灵感都来自这样的瞬间。A仔是个7岁男孩，除了有着标志性的黑眼圈，还有圆乎乎的脸颊以及头顶的萌萌兔耳朵。B.WING通过A仔，诉说着一种孤单。

中国广州

艺术评级：★ ★ ★ ★ ☆

保值等级：★ ★ ★ ★ ☆

粉丝原力：★ ★ ★ ☆ ☆

Benson，前潮流媒体编辑&品牌设计总监，擅长在作品之中带入自己在流行文化中的思考。他曾与Asics、Unbox、Devil Toys、Mountain Toys合作推出过ArtToy，以创作单位BSTER之名参加各种展览活动。近年来他开始以带个人偏好的艺术形态继续创作，将重心放在"立体化"。其作品包括：

SOLAR BOY：整个"THE GIANT OF SOLAR（光之巨人）"系列贯彻始终的角色。希望能在这个纷繁复杂的时代给予自己和各位"光的力量"，拥有哪怕身处黑暗也能静待光明的勇气。

I KNOW：以滑板为本体的创作，灵感源于《星球大战》经典一幕——Han Solo被俘虏后碳化封印，在封印前回应Leia公主，说出"I Know"。借此片段与对白，探讨街头涂鸦与"freedom of speech"。

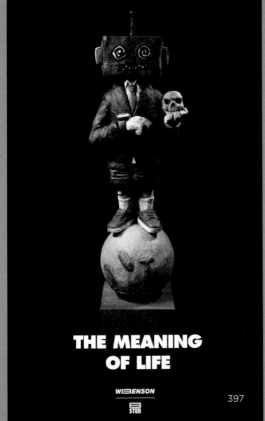

THE MEANING OF LIFE：我们的生命都在倒计时，像机械人一样日复一日工作的上班族，大多希望能拥有享乐的生活或者探寻自己存在的意义……庸碌、迷惘、反抗、尊严、存在主义等关键词，是此作品要透露的信息，希望大家能借此反思自己的人生。

美国

艺术评级：★ ★ ★ ☆ ☆

保值等级：★ ★ ★ ★ ☆

粉丝原力：★ ★ ★ ★ ★

Blythe诞生于1972年，当时美国的反战潮中出现了追求和平、崇尚自然装扮的嬉皮派，以及随后在电视节目的推广下兴起了一股名为"Big Eye"的艺术热浪，都间接地助推了Blythe系列娃娃，即B女的诞生。B女由Enner玩具公司生产，是一个头大身小、拉一拉绳子，眼睛就会转出四种不同的颜色，并有各式各样的衣服、手提包及色彩鲜艳假发的娃娃。

因为摄影展，才有了B女的风行。B女最初的销量很不好，因为它的大扁脸与大眼睛令人恐慌，而且又没有性感身材，一年后B女被迫停产。后来，美国知名时装摄影师Gina Garan挽救了它。Gina被称为"Mother of Blythe"，是个忠实的小布迷，她个人收藏的娃娃超过2000个。她时常把小布带在身边，游遍世界各地，拍下多款造型照。2000年，Gina举办了个人小布摄影展，并且名为*This is Blythe*的小布写真集也出版了，让人们重新认识了小布。从此，小布不但彻底成为各种时尚潮流的风向标，还以其出色的"变化感"建立起它特立独行的形象，塑造出一个全新的"超级时尚美女类型"。Gina把她的画集介绍给日本CWC的制作人Junko，通过她的引荐，Blythe之风一路吹到日本。

之后日本玩具商Takara公司推出了第一个名为"Parco Limited"复刻版
Blythe，小布的地位到达了前所未有的高度，亦成为价格不菲、升值极快且全球
为之疯狂的玩偶。

评论家说Blythe是21世纪的芭比。直到当下，依然还有很多粉丝为之疯狂。

日本

BOUNTY HUNTER

艺术评级：★ ★ ★ ★ ☆

保值等级：★ ★ ★ ★ ☆

粉丝原力：★ ★ ★ ★ ★

由岩永光主理的日本潮流品牌BOUNTY HUNTER（简称BXH），是潮流玩具的殿堂级品牌。虽然现在新作不多，但每一款都极富创意，很快被潮人们抢购一空——岩永光减少玩具推出的数量，是因为他觉得近年的玩具出得太多了。

BOUNTY HUNTER的玩具或潮服都充满摇滚的味道，产品以限量著称，当中以公仔最为抢手。岩永光热爱玩具与朋克，喜欢搜集星战玩具，直到1995年5月，岩永光在Nigo的鼓励下，以里原宿为基地创立了BOUNTY HUNTER，名字源于主脑人最爱的《星球大战》中的经典人物Boba Fett狩猎者，以售卖玩具和衣饰为主。岩永光曾被潮流杂志选为里原宿十大重要人物之一。

BXH推出了多款经典玩具，包括最多见的"赏金猎人"以及与迪士尼合作的Pete入藤野的怪物小王子等。BXH很多玩具角色都被称作"Kun"，岩永光说这仅是一种称呼而已，最初的概念来自Scull Kun，因为它是一副骷髅骨，所以是Scull，那么结果便称它为Scull Kun。

BOUNTY HUNTER，已是永远的传奇。

日本

艺术评级：★ ★ ★ ☆ ☆

保值等级：★ ★ ★ ★ ☆

粉丝原力：★ ★ ★ ★ ☆

BAPE就是现在那个显得有些过气的猿人品牌。似乎所有的里原宿系潮牌都喜欢跨界搞玩具，BAPE当然不会让玩具这个赚钱的大盘生意从身边溜走。数年间，BAPE不但生产了诸多摔跤手及猿人标志性角色玩具——Baby milo玩偶系列，还出了迪士尼之米奇布偶限定，更不断与BE@RBRICK搞联名，甚至与百事可乐联合推出猿人迷彩限量可乐罐与抽奖赠品。

如果说BAPE也有过一个长期代言人，那么2011年之前一定是Nigo。他曾被《时代》评为亚洲英雄之一，来自日本群马县高崎市，以前的名字叫长尾智明。1993年11月，他创立了全名为"A Bathing Ape in Lukewater"的品牌，意为安逸生活的猿人。他不但是日本亿万少年俱乐部的主要成员，更是新一代日本年轻人的偶像。苏富比连开了两场Nigo专场拍卖会"NIGOGOLDENEYE®"，更将KAWS为他定制的全家福画作拍出亿元港币的天价。自从2011年将BAPE卖给I.T集团之后，Nigo又成立了Human Made品牌，并在2021年成为高田贤三（Kenzo）的艺术总监，LVMH在一份官方任命声明中称赞Nigo"改变了全球街头文化的格局，创新了时尚品牌与其受众建立联系的方式，并且这种方式已然成为行业标准"。而没有了Nigo加持的BAPE，仿佛缺少了灵魂。

中国北京

艺术评级：★ ★ ★ ★ ☆

保值等级：★ ★ ★ ★ ★

粉丝原力：★ ★ ★ ★ ★

　　被玩家称为好大儿的DIMOO，是国内设计师Ayan的作品，短短两三年时间已经晋身为泡泡玛特重要的头部自有IP。Ayan称自己思考的是如何让IP更有生命力和更有趣，而泡泡玛特负责将IP落地，通过市场跑出爆款。

　　小男孩DIMOO本身也没有特别的故事背景，简单的设定是DIMOO喜欢在一切神秘梦幻的世界旅行，在旅程中他能遇到很多与之共同成长的朋友。设计师Ayan用梦幻的DIMOO旅程呈现了一个复杂而庞大的世界观。对于玩家来说，DIMOO可能就是邻家小男孩，可爱又亲切。让DIMOO火速出圈，应该归功于肯德基中国35周年联合DIMOO推出的联名限定款盲盒所引发的消费热潮，其火爆程度引起了多家媒体的关注。

日本

Dehara Yukinori

艺术评级：★ ★ ★ ★ ☆

保值等级：★ ★ ★ ★ ☆

粉丝原力：★ ★ ★ ☆ ☆

　　日本艺术家Dehara Yukinori的自白是"我只是一个喜欢黏土的大叔"，所以粉丝也喜欢称他为大叔。

　　大叔是手作玩具界的元老，拥有20多年手作黏土的经验。如果说坚持手作已是当下的稀有，那么Dehara Yukinori的艺术评级也很过硬，他打造出各种外形迥异、奇

怪有趣的人物角色，是一种你懂或者懂你的黑色幽默。大概是因为喜欢在创作之余喝

酒，所以他的作品往往有一种疯癫的恶趣味，最为粉丝熟知的一定是上班族大叔山本

智"Satoshi Yamamoto"以及被拟人化的动物们，这恰似他对自己的定位——外表像

上班族的大叔山本智有一颗少女心。他的作品经常被公众号推出爆文，毕竟上班族觉

得这些画面很治愈。近年来，他与万事屋合作的玩偶涂装精美，非常抢手。

美国

Daniel Arsham

艺术评级：★ ★ ★ ★ ★

保值等级：★ ★ ★ ★ ☆

粉丝原力：★ ★ ★ ★ ☆

　　1980年生于美国俄亥俄州克利夫兰的Daniel Arsham，生活和工作分别在纽约和迈阿密。因为在中国有过数次展览，玩家对他的作品并不陌生。

　　记得我第一次看到他的"未来考古"遗迹系列石膏作品，特别震撼。Daniel Arsham成功找到了自己的艺术符号，"没有什么是坚不可摧的，每件脆弱的事物都

可能会被摧毁"。他的作品中运用了多种简单的复合材料，包括EPS泡沫塑料、石膏、石膏纱布、油漆、黏合剂、织物、橡胶、水晶……创造了一系列疯狂的雕塑作品。Daniel Arsham与迪奥、RIMOWA、空山基等相继推出了联名作品，并"侵蚀"了苹果、保时捷911、米奇、皮卡丘等。他早期的作品溢价都很高，因为作品推出频率过高，市场需求有下降的趋势。但拥有一件Daniel Arsham的作品，依然是很多收藏家的梦想。

Daniel Arsham本身也是一位收藏家，尤其喜欢古董车。

DevilRobots

艺术评级：★★★★☆
保值等级：★★★★☆
粉丝原力：★★★☆☆

DevilRobots于1997年成立，由加藤正康、齐藤健司、吉村嘉造、池上刚史、牛窐俊等六人组成，制作角色、插画、动画设计等，至今已经创作超过一千个图像人物。

他们的经典代表非"豆腐人（TO-FU OYAKO）"莫属。这个线条简单、一脸痛苦表却十分可爱的豆腐人风靡玩具与潮流界，曾在巴黎、纽约等地举行巡回展览，在日本

还有电视动画片上映，更有形形色色的周边商品，诸如食玩、扭蛋、DVD、扇子、T恤等。"豆腐人"是DevilRobots的设计总监Shin多年前创作的，当时他参加了日本一个创作人物角色的比赛，"豆腐人"是Shin随手绘画而成的一个人物，结果在比赛中脱颖而出。

　　"豆腐亲子"的故事很简单，话说浩瀚宇宙中有一个四方形的白色豆腐星球，"豆腐仔仔"跟妈妈一起去寻找"豆腐爸爸"，"豆腐"母子途经许多星球，遇到了各种各样的外星"豆腐"……DevilRobots除了TO-FU OYAKO这对可爱的母子外，还有EVIROB与EVILGOLD等受到瞩目的角色创作。

　　DevilRobots曾经很火，现在虽然还在不断创作中，但是流行程度已经大不如前。

中国香港

艺术评级：★ ★ ★ ★ ☆

保值等级：★ ★ ★ ☆ ☆

粉丝原力：★ ★ ★ ☆ ☆

作为香港潮流玩具的开山人之一的Eric So，在未正式成为玩具制作人之前，曾在广告公司任美术总监10年；1996年举办了自己的第一个作品展，他的第一个为人熟知的作品是以自己名字命名的"苏勋（So Fun）"系列；1999年为偶像李小龙创作的24个figure令Eric So开始大红大紫，接着又与SSUR、Devilock、雪碧、Masks等知名品牌以及香港艺人等合作推出figure；其创作的玩具更成为TOYOTA汽车广告的主角，一度成为香港潮流玩具界的天王巨星。

现在，Eric So依然活跃在潮玩圈，亦曾在STS、BTS潮玩展推出了他的专属展厅，几乎所有重要作品齐聚一堂，让玩家重温潮玩元年的流行记忆，也见证了一个渐行渐远的时代。

美国

Futura

艺术评级：★ ★ ★ ★ ★
保值等级：★ ★ ★ ★ ☆
粉丝原力：★ ★ ★ ★ ★

　　我很早就关注了Futura，亦收藏了一部分他的"尖头人"玩具，这个街头涂鸦界的先锋或大师级人物曾经来过广州涂鸦，也曾在深圳举办过大规模的沉浸式个展，以其代表图案Pointman风行全球。他积极参与多领域的合作，包括唱片、T恤、玩具、香水等。

　　这位有着喷画魔术师（Spray Can Wizard）之称的大师经历坎坷，80年代初已经成名，亦是第一位以涂鸦艺术家身份与Hip-Hop音乐进行跨界合作的人。80年代后期涂鸦随着Hip-Hop的没落而淡出视线，Futura就在邮局当信差。直到90年代初，Futura再度活跃于艺术圈子……

　　经历了年轻时的路边涂鸦，成名后转战商业市场：与英国音乐厂牌Mo'Wax合作，为The Clash、UNKLE等知名乐团进行艺术创作，与CK香水、BAPE、Zoo York的跨界合作，自家品牌Futura Laboratories与Stash合作的街牌Subware，与MEDICOM TOY合作的多款潮流玩具。

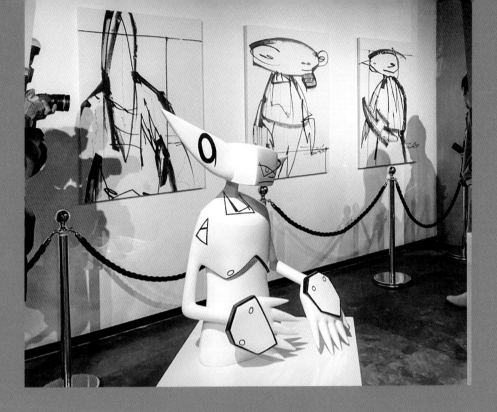

　　Futura亦是《星球大战》的超级收藏迷，笑称"我的创作思路几乎都来自《星球大战》"。这个喜欢听朋克、电子音乐的艺术家，爱上了中国的古典家具，而我们则义无反顾地爱上了他的艺术以及潮流玩具。提及Futura的玩具，我还有种切肤之痛，当年收藏的吸血僵尸（Nosferatu）公仔借给摄影师街拍，结果它左边的细臂被生生地弄断了。要知道，这款可是号称Futura历来最佳的产品——"It is going to be the best figure ever"，Futura曾自夸。据传，"Nosferatu"由360 Toy Group的龙头Jakuan亲手操刀制作原型，精准的比例、三点站立的方式都可说是独具匠心的完美设计。

　　近年，Futura愈战愈猛，推出的大只碳纤维质感玩具虽然增值幅度不大，但作为一个藏品，足够惊艳。

韩国

Farmer Bob

艺术评级：★★★☆☆

保值等级：★★★★★

粉丝原力：★★★★★

Farmer Bob是"寻找独角兽"旗下的签约IP，设计师Farmer（What The Farmer）来自韩国，最早我在STS见过他，那时候他有一个小小的摊位，主要发售他自己的全手作Bob公仔，玩具很小，价格也不贵。

本来这次也想采访他，毕竟留着大胡子的Bob虽然只是一个小小的农民，但是"寻找独角兽"将Rico和Bob捆绑为CP呈现，被很多女性粉丝视为"男友"，绝对是炸裂的头部IP，据说全球粉丝超过300万。因为Farmer被签约，所以采访他先要征得经纪人以及品牌方的同意，觉得麻烦我就放弃了，抱歉啦，Bob的粉丝们。

说回Bob，我其实也不是特别明白为什么它如此受欢迎。有人说是韩系的清新画风，这个点我感受不到，但是这个有着深邃蓝眼睛、头发和胡须连为一体的农民的百变化身无疑很时尚，有一点未来感，而且看上去自有一份亲切与乖巧。早期的Bob在材质上也颇花心思，质感满满，加上"寻找独角兽"在销售和IP运营上有一套，通过限量、搭售等"饥饿营销"方式，即便是小小盲盒，也持续保持Bob的疯狂升值率，"买到即赚到"的理念大概已经深入人心。

美国

Frank Kozik

艺术评级：★ ★ ★ ★ ☆
保值等级：★ ★ ★ ☆ ☆
粉丝原力：★ ★ ★ ★ ☆

　　他被坊间称作抽烟大师，原本是个唱片封套设计师，很多美国唱片海报都用了他的画作，但真正令他成为大家喜爱的艺术家是因为他将吸烟的坏习惯传染给了纯洁的兔子。

　　搞完了抽烟兔，还有抽烟象，Kozik算是跟抽烟干上了，不离不弃地塑造它的黑色抽烟美学。从MEDICOM TOY到KIDROBOT再到TOY2R，Frank Kozik的玩具后来已经多到泛滥。当然，Kozik的"革命"系列同样令收藏家们疯狂，诸如Dunny Lenin系列都是稀有之物。

　　几经转折，Frank Kozik成为KIDROBOT的主理人，也算是从设计师、艺术家到主理人的成功转型，甚至出现在北京BTS潮玩展的现场给玩家签名，给曾经疯狂追寻他的老玩家们一份特别惊喜。

中国北京

FELIX_勺子

艺术评级：★★★★☆
保值等级：★★★★☆
粉丝原力：★★★☆☆

　　FELIX_勺子，自北京服装学院毕业后，到德国马尔堡菲利普大学深造，获艺术硕士学位。2012年签约德国Yumachi画廊并举办个展，作品曾在柏林、东京、巴黎、北京、上海等地展出，曾和NIKE、Vans、Disney等品牌合作。

　　FELIX_勺子将生活中人们的情绪转化为不同的意象，去倾听、感知、理解生活中的客观现实与困境，以幽默诙谐的态度呈现作品，为观者带来慰藉与陪伴。

　　前几年在北京的BTS，FELIX_勺子的展位在iToyz对面，在全场小可爱卖萌玩偶的衬托下，FELIX_勺子的作品显得特立独行，非常显眼，天马行空的创作中释放出潮流与幽默。

　　他将画作中的一些角色制作成雕塑。鸟人（BIRDMAN）是一种自由放空的形象，表达的是一种在生活中放松的畅想，也是很多都市人所向往的。而史蒂芬（STEPHEN）的情绪则更具象，

FELIX_勺子在德国留学的那段时间压力很大，但他每天都打起精神迎接新的挑战。史蒂芬的胸口插着刀，比画着胜利的手势。FELIX_勺子说："这其实是我们大部分人的生活状态，但是我们都在努力生活着。"

中国香港

Gardener

艺术评级：★ ★ ★ ★ ★

保值等级：★ ★ ★ ★ ☆

粉丝原力：★ ★ ★ ★ ☆

香港潮流玩具天王级人物Michael Lau（刘建文），被誉为这一轮潮流玩具文化兴起的"潮玩教父"。

他从小喜欢画画，读设计专业，后任职于广告公司。开始他搞的是美术，曾经在香港办过个人画展，也曾经获得最有前途艺术家大奖等，后来觉得艺术界只是个小圈子，于是转型设计公仔，受到街头文化与G.I.Joe（《特种部队》）影响，无心插柳成为当代名师。1997年香港潮流杂志《东ＴＯＵＣＨ》刊登了他的漫画作品花园人（gardener）；1999年他推出相关的公仔，奠定其公仔天王地位。

Michael Lau的公仔玩具都长得很奇怪，很有街头风格，而且雕功独到，滑板、文身、戴耳环、裤链……一水的街头元素，却又个性突出，外形上很合年轻人的口味，所以很受潮人喜欢。曾为艺人林海峰制作林狗等公仔，众多潮流品牌、玩具公司等都找他跨界合作，作品一度掀起抢购热潮，极具收藏价值，亦

曾推出进军日本之作"crazy children"。Michael Lau更被潮界誉为这一拨艺术家玩具的开创者，也是诸多艺术家想跨界合作的首选对象。

2016年，他特别创作的绘画《Jordan本色之墙》在佳士得亚洲当代艺术拍卖中以110万港元拍出。2018年，佳士得为其打造了首个私人拍卖展"COLLECT THEM ALL！"，展出了Michael Lau超过40件平面、立体及非传统媒介作品，并为他推出了"所有艺术品都是玩具，所有玩具都是艺术品"的艺术宣言。

Michael Lau认为，艺术玩具（Art Toy）就是用比较轻松的、酷的方式，借助一个立体载体去讲故事。

美国

Gary Baseman

艺术评级：★ ★ ★ ★ ★

保值等级：★ ★ ★ ★ ☆

粉丝原力：★ ★ ★ ★ ☆

　　Gary Baseman是艺术界的全能天才，也是美国迪士尼的动画设计师，美国近几年来产量最大、人气最高的艺术家之一。他游走于插画、广告、动画、玩具之间，画作被华盛顿D.C.的国家肖像美术馆和罗马的当代美术馆收为永久馆藏。最著名的公仔角色包括水火兔（Fire Water Bunny）、Toby等。

　　我之前曾经采访过他，他说："我称自己为渗透性艺术家（Pervasive Artist），在英文里面，pervasive意味着有渗透力的、弥漫的、普遍的意思。我的目标是创作一些有分量的艺术作品，打破不同媒介之间的界线和鸿沟，能够让其他艺术家们明白，只要坚持真我，不自我设限，秉承他们的审美观和个性化，就会有机会在任何博物馆里面展出作品，供世人欣赏，与他人分享。"

　　Gary Baseman说："我的激情来源于我的创作。我不仅涉足绘画，也同样会创作搪胶公仔。我喜欢创作一些肖像类的角色，通过它们我可以帮助人们理解现在的社会以及人类状况。成为美国顶尖插画家之一的我，曾经为美国的迪士尼公司创作过一个晨间电视卡通影片——《酷狗上学记》（该片的电影版获得第77届奥斯卡提名）。"

关于如何通过玩具来讲述玩具背后的故事，Gary Baseman的回答是："在我所有展出的绘画作品前面，玩具就像一个固定的肖像。不同于平面的绘画，玩具拥有一些立体的实物可以让人们去触摸，去感受，去和它们一起玩。它们周旋于我的超现实主义世界和这个现实世界。"

没错，玩具打造了一个超现实的世界。

日本

Hajime Sorayama

艺术评级：★ ★ ★ ★ ★

保值等级：★ ★ ★ ★ ☆

粉丝原力：★ ★ ★ ★ ★

　　空山基（Hajime Sorayama），1947年出生在日本，1972年成为一个自由插图画家。1978年在他的笔下第一个机器人诞生了。

　　空山基是我个人特别喜欢的一位艺术家，他将机械与性感——物质与视觉，结合得非常完美。欣赏他的作品，你甚至会觉得这是天作之合。

　　空山基的作品充满想象力，他将喷绘艺术发挥到极致。同时，因为他的作品里有各种情色元素，也被誉为日本最有代表性的情色插图大师。作为一名老艺术家，空山基一直徘徊于红与不红之间。

　　空山基的创作，展现了20世纪70年代工业化发展、全球化扩张的景象，以及人类对于未来的想象。空山基笔下的机械姬，呈现了"复古"与"未来"两种关系，对立与融合，恰恰映射了日本自20世纪70

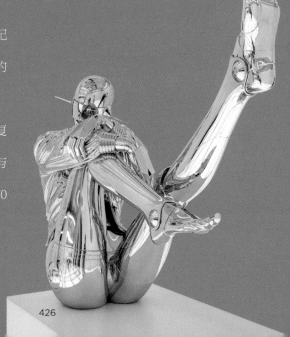

年代以来的半个世纪的文化与社会缩影。

　　时代不会辜负每一个努力的人，最近几年空山基忽然火了起来，一方面是与Dior、中国李宁等时尚品牌进行了深度合作，另一方面是各种展览的举办与限定玩偶、版画、衣服等的密集发售。在上海也有一场"空山基·大都会"的展览，多件画作、雕塑、装置作品空降上海，让他秒变当红艺术家。

　　性感，是空山基一个重要的标签。而金属，则是表达性感的一种方式。所以，空山基说："闪烁的金属，比任何东西都要性感。"

日本

Hikari Shimoda

艺术评级：★★★★☆

保值等级：★★★★☆

粉丝原力：★★★★☆

　　下田光是位画家，2014年她开始走上国际艺术舞台，在洛杉矶CHG画廊举办首次海外个展，展出了"Children of This Planet"与"Whereabouts of God"两个系列的作品。她的作品个性相当突出，绚烂的荧光、童话般的色彩以及符号，画面上的孩子有着两只不同的瞳孔。下田光认为："这些是他们所看到的宇宙中的光明与黑暗，分别代表了生命与死亡，未来与过去，我们所居住的世界与即将重生的新世界。"每个成功的艺术家都需要一些属于自己的符号，下田光的作品，除了一些拼贴元素，还有两只不同的瞳孔，以及孩子们头上的角——这是源自日本民间传说中的"oni（妖怪）"。于是，下田光利用一些糖果色调的可爱元素，吸引大家去思考作品背后的故事，灰色与忧郁，生命与轮回。下田光自从与APPortfolio合作推出限量雕塑玩具之后，亦已变成潮玩圈的"超级英雄"，无论是玩具，还是版画、原作，都很受欢迎。

中国香港

HEROCROSS

艺术评级：★ ★ ★ ★ ☆

保值等级：★ ★ ★ ★ ☆

粉丝原力：★ ★ ★ ★ ☆

　　HEROCROSS，世界英雄联盟有限公司，名字听上去就豪情万丈。HEROCROSS的品牌精神，由英雄（Hero）与跨界合作（Crossover）结合而来，意思是希望与世界各地的英雄们跨界结盟，制作出充满创意、可动性强、外形精美的玩偶收藏品。

HEROCROSS成立于2012年，是集潮玩收藏品、衍生品设计、生产与销售为一体的潮玩文化品牌公司。公司目前主推的是IP授权类产品，已获得迪士尼、孩之宝、华纳兄弟、福克斯、米高梅和Nickelodeon等全球顶尖版权商的授权。截至2019年，HEROCROSS品牌已推出百余款知名IP形象产品，努力为全球玩家提供正版、高端的收藏级人偶、玩偶。

2019年5月，HEROCROSS首次取得华特迪士尼公司对迪士尼IP产品在中国内地的销售授权，并以《玩具总动员4》中的角色首发系列产品。其后，玩具总动员的诸多角色从此得到活化，其中粉色的草莓熊成了大热潮品，很多玩家像喜欢BE@RBRICK一样喜欢草莓熊。

中国香港

Hot Toys

艺术评级：★ ★ ★ ★ ☆

保值等级：★ ★ ★ ★ ☆

粉丝原力：★ ★ ★ ★ ★

喜欢12寸兵人的玩家，大概没有不知道Hot Toys的。这个专攻1：6人形公仔的生产商创立于2000年，创始人是Howard Fong。Hot Toys与香港玩具设计师Eric So、Jason Siu以及铁人兄弟等有过合作，为他们生产超高质量的12寸活动人形设计师玩具，亦有多款电影角色原型玩具诞生，还被授权为漫威、星战、异形、蝙蝠侠、第一滴血和阿童木等批量生产玩具。

在设计师玩具发展的早期，亚洲人形公仔主要由两家厂商生产：Dragon Models和Hot Toys。Dragon Models是在80年代中后期，经由为日本加工备件而开始进入全套人形玩具的生产加工；而Hot Toys的厉害之处在于其品质超群，每个细节都堪称完美，并以小规模产量而闻名。当然，Hot Toys出品的玩具售价也远高于同类产品。在Hot Toys的众多出品中，最为大家熟知的当然是"铁人兄弟"系列。早年"9·11"系列中消防员工具的逼真程度，可以说是无人能及。后期让Hot Toys一战成名的是"钢铁侠"系列，作为最赚钱的系列，陆续推出了数十款钢铁侠。

曾经有一段时间，Hot Toys与3A公司都相当火爆，他们用预售的方式发售新品，通常在半年甚至一年以后才能正式发货。这种方式在品牌强势的情况下尚能运行顺畅，但当后期品牌影响力滑坡、现货价低于发售价的时候，这种模式就行不通了。

中国广州

Happy 欢

艺术评级：★ ★ ★ ★ ☆
保值等级：★ ★ ★ ★ ☆
粉丝原力：★ ★ ★ ☆ ☆

　　"Happy 欢"公仔，是由我主理的iToyz推出的作品。iToyz代理了很多潮玩及艺术品，但属于自己平台的首款作品，就是"Happy 欢"。

　　由知名设计师X2R操刀设计，设计风格上延续了他的机械主义美学，同时结合了我对玩偶的一些强迫症般的要求。

　　我喜欢的玩具，希望它真的是一个玩具，有着多变的可能，而且它可以代表我所喜欢的一种生活方式。"Happy 欢"的身体可以多部位拆卸，头部、身体与屁股都可以分离，造型上是一只可爱的熊体，头部拔开可以放一张老旧的CD唱片，模拟的情景是肢体上的音箱，而屁股与尾部的设计其实是一个茶杯，如果让玩偶坐着，还可以放在桌面当手机支架——听音乐、饮茶、玩玩具、刷手机都是我热爱的生活方式，而"Happy 欢"则完美地包容了这一切。

　　在潮玩集体卖萌的当下，"Happy 欢"以自己的美学体系，讲述了一个完整的玩具故事。"Happy 欢"诞生之后，也赢得了很多好评，与博友制钛联名推出了钛杯，与艺术家邓瑜合作推出了NFT项目，未来还有更多的创作延伸。

对于iToyz来说，"Happy 欢"之后，还有一个更加有趣的IP玩偶"大内财神"，这也是我的另一个爱好——搞钱。

日本

INSTINCTOY

艺术评级：★★★★☆

保值等级：★★★★☆

粉丝原力：★★★★☆

　　大久保博人在2005年创立了INSTINCTOY，"INSTINCT"直译为"本能、直觉"。收藏了20多年手办的大久保博人，希望能创作出一些让顾客凭本能和直觉就能喜欢上的作品。

　　大久保博人的作品符号是"侵蚀"，试图表现物体被神秘生物侵蚀的感觉，看上去像是流下的液体、眼泪，抑或是某种融化。虽然作品通常会有些暗黑，甚至有血腥的表达，但大久保博人还是希望能够治愈玩家，重新回忆起童年的美好时光。

　　早年大久保博人的玩具只在小众间流传，真正开始大规模流行还是因为与MOLLY的联名版，双方互相成就。大久保博人将MOLLY的本体提高了一个档次，而MOLLY则将大久保博人介绍给更多人群。大概，这就是潮玩需要联名的意义吧。

中国香港

艺术评级：★★★★☆

保值等级：★★★★☆

粉丝原力：★★★☆☆

来自香港IXTEE旗下的IXDOLL，从2007年开始构思BJD娃娃，2009年推出第一弹妹头。后陆续推出了多弹超级热门的妹头系列娃娃，还有帅气的李小龙装的发仔，数款童年版本的西瓜、黑猫、鸭仔、黄猫、白猫、熊猫、怪兽妹头等，并与迪士尼合作推出了米奇版本的妹头。

与搪胶玩具相比，BJD娃娃的可动性更强，而且在质感及观感上都给人真实的感觉，亦会有更多动作及表情变化，玩家可以把它当成朋友或者是玩伴。

妹头代表了80年代成长于香港的小孩子，来自普通家庭，爸爸要工作，日常由妈妈照顾，背景跟大家差不多，这样子的情景设定使玩家更容易与自己的童年时代产生共鸣。

iToyz曾经是妹头在大陆市场的总代理，所以妹头也像是我的家人一样。

西班牙

Javier Calleja

艺术评级：★ ★ ★ ★ ☆

保值等级：★ ★ ★ ★ ★

粉丝原力：★ ★ ★ ★ ★

　　这个世界从来不缺向大师致敬的艺术家，这个世界也从来不缺向奈良美智致敬的艺术家，西班牙插画师Javier Calleja就是其中一个非常成功的典范。他笔下的大眼睛小男孩看上去似乎是奈良美智2.0版风格的延续。在短短几年内，他的画作价格涨了数十倍，其玩具也不甘示弱，初代公仔从几千元涨到十多万，但是坊间对他的成功一直有着不同的看法。例如，奈良美智曾公开配图发文说，Javier Calleja与VANS合作的鞋不是他的作品。这个世界从来都很魔幻，但是Javier Calleja成功的背后，除了致敬之外，还有着自己的想法，通过作品展示一个充满童趣的隐喻世界。他还与K11发售了史上最贵的盲盒，每只3000元以上，玩具高8cm，框架高12cm，相比于它的价格，真的很小。所以，我一点也不想下手，当然，这个不怪大眼仔，怪我的经济实力。

中国北京

JacooSun

艺术评级：★ ★ ★ ★ ☆

保值等级：★ ★ ★ ★ ★

粉丝原力：★ ★ ★ ★ ☆

　　JacooSun Studio由中国"80后"艺术家孙东旭创立，涉及油画、雕塑、BJD、潮玩等多个领域。从画画转向手作，孙东旭更注重手作的温度，努力创作出3D的治愈形象，陪伴当下孤独的人群，那些玩偶仿佛天上的星斗，在黑暗中闪烁，照亮自己与他人。

　　2008年开始，孙东旭尝试把油画作品中的小女孩转化为球形关节人偶，从平面转向立体，看上去容易，实际是一个非常艰难的过程：她一边从解剖学的书中学习和研究人体结构，一边结合观察自己的身体结构特征，雕出了第一件球形关节人偶；其后，又历经3年再设计和重塑。

　　2011年，精灵人偶JacooSun Doll诞生，当许多艺术家使用3D建模去制作人偶的时候，孙东旭依然坚持手雕人偶，并且切割调试每一个关节。2018年，KUKUMATA球形关节PVC人偶诞生；2019年，JacooSun BJD 2.0超可动人偶"肉肉"诞生；2020年，平民英雄"未来人"系列诞生。所有的努力终将得到回报，孙东旭的人偶，在可爱中夹杂着时尚，配上不同的发型与时装，甚至是古风衣着，都特别令人着迷，有一种活化的感觉，在全球已经累积了很多忠实粉丝，一娃难求。对于孙东旭来说，商业上的成功固然美好，但是她的初衷从来没有变过："把上帝赐予我的属性发挥到极致，成为一个手作者，用心雕刻每一件作品，当作品感动了自己，并且在作品中感受到了情绪，就寻找到了JacooSun存在的意义，让孤独与陪伴得到真爱。"

英国

James Jarvis

艺术评级：★ ★ ★ ★ ★
保值等级：★ ★ ★ ★ ☆
粉丝原力：★ ★ ★ ★ ★

听到英国艺术家James Jarvis，你会想到SILAS这个服装品牌，还是James的漫画，抑或你只知道那个笨笨的却有朋克或魔戒造型的洋葱头公仔？对于元老级玩家来说，这位视觉哲学家，也是艺术玩具的前辈，早在1998年就创造出名叫Martin的玩偶，其后又陆续推出了逾百款设计，KAWS都是他的粉丝。

James Jarvis 1970年出生于伦敦，曾为The Face和Sony Tokyo绘制插画，1998年开始任职英国街头品牌SILAS的设计师。虽然他来自乡村，却是大师级人物，经常为*LODOWN*等潮流杂志画插图，也为SILAS品牌设计服装、画册、公仔……

James笔下的卡通人物看上去有一种莫名纯朴的基因，马铃薯头是它们的标志性Logo，它们大都生活在梦幻的60年代，沉醉在嬉皮士、简约主义的和平世界。James Jarvis笔下的人物，曾数次登上*Relax*等潮流杂志的封面。

2002年，James与好友Russell Waterman一起开设了创意公司AMOS，之后推出若干令人眼前一亮的潮玩系列公仔，例如King Ken、YOD、Wrestling Elves、Bird God等系列。

2019年，他与比利时的Case Studyo推出了一套茶具，茶壶的造型是James Jarvis

为时装品牌 SILAS设计的玩具角色Martin，由高18cm的白釉瓷器制成。James Jarvis

最近几年推出的玩偶不多，但是依然一直在创作中，可能是创作方向发生了变化，合

作的品牌也变成了可口可乐、宜家、耐克等。

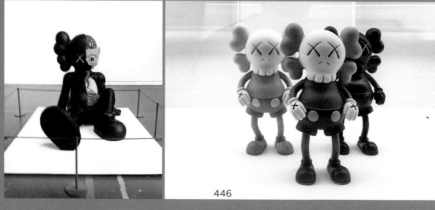

446

美国

艺术评级：★★★★★

保值等级：★★★★★

粉丝原力：★★★★★

因为与Dior、优衣库、AJ4等一众品牌的联名，KAWS不仅是潮流艺术教父，也成了大众流行艺术的代表。

KAWS原名Brian Donnelly，12岁就对涂鸦感兴趣，刚从School of Visual Art毕业时在迪士尼做特约动画员，未成名前常在半夜偷取街头的H&M、CK、DKNY等时装品牌的广告牌，回家加上骷髅标识。其标志性的"××"美学结合米其林、米老鼠、辛普森等经典卡通元素，以及不变的诙谐、可爱、夸张又令人憎恨的风格，满足了不断被都市化潮流所折磨的玩家的内心需求。

作为新一代街头艺术家的代表，这个喜欢画叉叉和骷髅头，为了涂鸦要做魔鬼的KAWS，风头一时无两。他以或致敬或讽刺的方式创作的魔鬼、天使或者米其林筋肉人+米奇大耳朵等新玩偶，放肆地出现在纽约的街墙、巴士站、卡车车身、博物馆、画册里——反讽的是，KAWS因此一举成名，后来那些奢侈、时尚品牌，主动将广告牌送给KAWS来改造。

KAWS已是当今潮流界一个无法回避之重要代表。作为一个在街头涂鸦、与警察躲猫猫的艺术家，KAWS是近十年出品玩具升值最高的艺术家之一。在我采访的数位国外艺术家中，他们一致推崇的艺术家名单里，KAWS数一数二。

KAWS早期与里原宿潮牌UNDERCOVER在2000年春夏展合作后，陆续与HECTIC、MEDICOM TOY合作出品玩具，最经典的是COMPANION系列公仔。后来又开设OriginaFake品牌，在美国、日本、中国颇受追捧。虽然OriginaFake已不复存在，但是KAWS在艺术界的知名度更高了，开始在伦敦、纽约、东京、上海等地开设KAWS个人展览，而"KAWS：HOLIDAY"世界巡回展览也走进了不同国家和地区。我在上海余德耀美术馆看过他的大展，展览涵盖了油画、雕塑、素描、玩具以及多种街头艺术，确实很棒。也有人说正是这次上海的展览，让KAWS更具含金量。

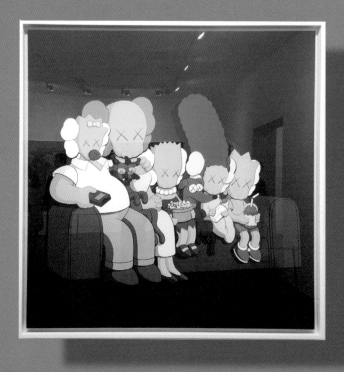

KAWS每年都会有若干新品玩偶推出，每次都会引发炒作狂潮，在这个玩具层出不穷的时代，实属不易。

日本

Kamata Mitsuji

艺术评级：★★★★☆

保值等级：★★★★☆

粉丝原力：★★★★☆

镰田光司，英文名是Kamata Mitsuji，他的品牌名是kamaty moon——很多人只知道镰田光司，却不知道他的品牌，我也是问了朋友才知道这个细节。

这位日本艺术家，早年曾组建乐队，并且他是核心吉他手，后来沉迷于手工创作，出品了早期的"猫骑士屠龙"系列、"加勒比海盗"系列以及"爱丽丝梦游仙境"系列。因为受科幻题材的电影及文学作品的影响，蒸汽朋克成了他的标签。早年他的手工作品常见于日本WF展，曾多次在造型展览中获奖，后来因为与国内"末那末匠"合作推出了一系列的蒸汽朋克玩具而声名大噪。

真正让他出圈的是与MOLLY合作推出的联名系列，当可爱的MOLLY穿上了硬核的蒸汽朋克装，迅速征服了它与Kenny的双料粉丝。镰田光司的作品，配件很多，装备繁杂，通常实物比照片更加惊艳。虽然是虚构幻想的时空，背景也都是超现实的，但作品的形象设定却是常见的可爱小动物——外星来的青蛙，还有仓鼠、狐狸、刺猬、白兔、熊猫等，它们一起开着摩托车、外星飞船。它们身上的装备也非常厉害——机械臂、皮质围裙、齿轮和长枪，大概是准备重返科学与魔法共存的维多利亚时代。

作为一名艺术家，镰田光司的定妆照所彰显的穿着与打扮都与他的作品一样——浓

郁的蒸汽朋克风。所以，如果你曾经在玩具展见过他，一定会过目不忘——非常醒目的

自制皮革工作服、头上的齿轮羽毛，还有随时准备征服世界的放大镜眼镜。

日本

艺术评级：★★★★☆

保值等级：★★★☆☆

粉丝原力：★★★★☆

　　潮玩中一个重要的元素其实就是童心。小川耕平（Kohei Ogawa）的作品中，无论是动物，还是人类，都有着让人开心的童心。

　　从2013年开始，以插画师身份起家的小川耕平开始创作羊毛毡公仔。他的灵感来自日常生活中所有美好的事物，创作的第一个角色是戴着围巾的小猪，至于"为什么选择羊毛毡作为创作的材料"，他的答案是："我希望在掌心大的范围内，制作出让人感觉温暖的作品。"

　　在北京的BTS现场，HOW2WORK曾经带了他的画作做展览，每一幅画面都很治愈。HOW2WORK把小川耕平的作品陆续变成了搪胶玩具及盲盒，从羊毛毡到立体公仔，作品日益立体。动物是人类的好朋友，这点在小川耕平的作品中得到了体现。

日本

Kaikai Kiki

艺术评级： ★ ★ ★ ★ ★

保值等级： ★ ★ ★ ★ ★

粉丝原力： ★ ★ ★ ★

村上隆旗下的公司Kaikai Kiki，名字听上去充满童真可爱的意味，但真正童真可爱的当然非村上隆莫属。2003年的春天，他在LV设计师Marc Jacobs的邀请下，以"二次超平面"艺术把路易威登逾百年的经典Monogram商标变换出33种颜色，还将樱花运用到晚装手袋和鞋子上，更把经典的Mr. DOB做成了手表、首饰等。

顿时让全球的潮人们陷入新的焦虑，因为买不到LV×村上隆的包包。正是在全球掀起的这种童真美学，使老牌LV有了潮流新风尚，这绝对是近年时尚界与艺术界最成功的一次跨界合作。

很久之前，我在香港买过一套十款的村上隆食玩，既有动漫女生，也有驾祥云蘑菇的Mr. DOB，还有瘦骨嶙峋的银色外星人。村上隆从日本的传统平面绘画、现代卡通绘画及活在电脑奇想世界的自闭怪胎中挖掘出一系列梦幻又残酷、艳丽缤纷、漫不经心中带着末世警言的人物，著名的有断裂的眼球、手臂，樱花妹头，蘑菇云，村上隆的化身，以及长着一对米老鼠耳朵的Mr. DOB。这位超扁平的艺术家，有人说他是达利与安迪·沃霍尔的化身，他的作品更倾向于波普艺术、日本传统艺术与御宅的结晶，堪称日本"NEO POP"的一代宗师。

　　当然，在日本艺术界，村上隆也是最具商业人气的大师之一，除了玩具及一众商业合作，他的工作室一年要推出数款海报及版画，还在积极拍摄电影，进军NFT。以前我不太明白为什么他不一门心思做艺术，后来读了一本关于他的书《知日·你完全误解了村上隆》，才明白在艺术家身份之外，他还是一个三百多人公司的老板，有艺廊、咖啡馆、电影项目、艺术经纪，签约了青岛千穗、James Jean、MADSAKI、MR.、大谷工作室、高野绫等当红艺术家。

　　所以，他有双重身份，如他所说，"我自己还是一位纯粹的艺术家、一位制作作品的职人"。所有这些，也与他的理念相关——以日本的动漫文化作基础，将日本艺术重新带到西方，发现更多的艺术家，并把他们推向市场。

美国

KIDROBOT

　　最早，KIDROBOT只是一间玩具店，后来，KIDROBOT不但是美国最大的设计师玩具贩卖商，在旧金山、纽约等地拥有多家分店，还是世界一流的设计师玩具及潮流服饰的发展商。

　　2002年，Paul Budnitz设立了KIDROBOT，瞄准街头文化的流行趋势，主打艺术家的产品，努力将设计师玩具带入主流，为美国众多艺术家与设计师开拓市场，发展玩具及服装。与KIDROBOT合作的许多艺术家都有着非常高的知名度，如Paul Budnitz, Frank Kozik, Tim Biskup, Huck Gee, Joe Ledbetter, Tara McPherson等。像其他平台玩具一样，KIDROBOT的玩具同样在稀有性上做文章，因为限量发售，所以并不能完全满足全球玩具迷的胃口，而且出售以后再也不会追加量产，以此保证它在玩具迷手中的价值，甚至帮助它的玩具成为博物馆典藏。同时，KIDROBOT借助玩具平台的艺术家，进攻潮流服饰市场，同时还不断与其他品牌进行跨界合作，2007年就与LACOSTE推出了一组休闲鞋系列。

　　KIDROBOT旗下的明星产品是DUNNY，一只超人气平台玩具兔子，同时还有"街头霸王"（Gorillaz）系列以及MUNNY DIY系列。虽然KIDROBOT的早期目标消费者集中于欧美，在中国并无正式的专门店，但它依然拥有不少中国粉丝。

后来，随着艺术玩具市场的萧条，KIDROBOT也因创始人的离开而进入了一个新的时期，创意总监Frank Kozik成为新的灵魂，但是随着玩家的流失，加上质量监控不到位，已经不复当年的流行盛景。

中国香港

Labubu

艺术评级：★ ★ ★ ★ ★

保值等级：★ ★ ★ ★ ★

粉丝原力：★ ★ ★ ☆

前面的访谈其实已经有了关于Labubu设计师Kasing龙家升的内容，但Labubu最近几年实在是太火了，如果《A～Z潮玩品牌速查》里面没有收录它，可能会被读者投诉。

作为iToyz的主理人，我其实很早便认识龙老师。从他与HOW2WORK合作第一款玩具开始，iToyz就将龙老师的作品引入了国内市场，也曾经推出过两款金色Labubu及Zimomo的iToyz特别限定。龙家升早期推出的"玩具森林"系列，很多玩家可能都不知道，毕竟大部分玩家都是因Labubu才开始关注龙老师的。2015年，他开始创作"The Monsters（精灵天团）"，其中精灵Labubu出自绘本《神秘的布卡》，黑白为主的线条与狂野的笔触让Labubu与它们的朋友精灵天团一下子破圈走红，尤其是有着尖锐獠牙、外表邪恶、内心善良的Labubu。其实很多人不知道，在早期的人偶设定中，Labubu是个女生，和骷髅头Tycoco是一对欢喜冤家。

曾经见面时问过龙老师，Labubu为什么推出几年后会在一夜之间火了，其实大家都说不出来什么原因。我的理解就是：厚积薄发、水到渠成。毕竟，龙老师的绘本已经有相当深厚的功底，加之他常年生活在荷兰，画风中有我们亚洲玩家并不熟悉的欧洲童话的影子。

中国北京

李晓昆

艺术评级：★ ★ ★ ★ ★

保值等级：★ ★ ★ ★ ☆

粉丝原力：★ ★ ★ ★ ☆

李晓昆，我们因为收藏玩具而认识，差不多有二十年时间。以前他也写玩具的资讯及评论，后来进入"末那末匠"工作，再之后当起了自由艺术家。

他的作品主题一如在WKgallery画廊的个展名称"拆解&重构"，他把生活中一些被人遗忘的记忆重新串联，变成一件全新艺术体。具体来说，就是把生活中的现成物品（玩具、模型、旧机械设备等）拆解成零件，再将这些拆解后的零件以全新的结构重新组合，形成新的事物。

其作品分为"板画"系列、"信仰"系列、"齿轮"系列，其中"板画"系列以废旧滑板为载体，用"拆解＋重构"的方式再现15个经典动漫主题，希望让观者通过主观意识去理解和探究作品的细节和新形态；"信仰"系

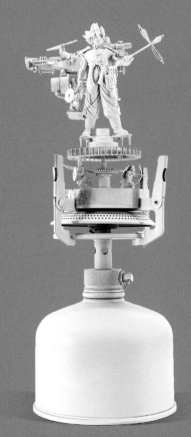

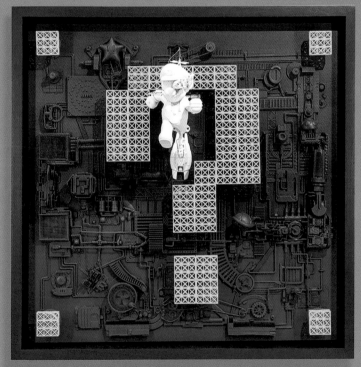

列，从信仰出发，但他不讨论具体的信仰，而是把有关信仰的事物置于自己构建的虚构

情境中；"齿轮"系列，从一枚铜质齿轮开始，他在上面构建或动漫、或异想出来的角

色和造型——通常都来自瞬间的灵感。

Chameleon | vol.01

中国东莞

LAMTOYS

艺术评级：★ ★ ★ ★ ☆

保值等级：★ ★ ★ ★ ☆

粉丝原力：★ ★ ★ ★ ☆

　　酷、有趣、想象力、探索是LAMTOYS的品牌基因，签约了项哲青、Ave Leung等设计师，真正让LAMTOYS大火的是由INSON-SONG 推出的"变色龙（WAZZUPbaby）"系列，从元祖龙开始，已经推出了第八代废土乐队以及与Mighty Jaxx 联名的"半骨骼"系列。

　　变色龙（WAZZUPbaby），打出的旗号是"国内男性向潮玩IP"，借以聚焦亚文化，引爆想象力。潮玩圈一向主打可爱风女性向玩具，而变色龙的街头、机械以及硬核萌的确给软绵的盲盒市场带来了不一样的质感。而且，LAMTOYS依靠背后的工厂实力，在生产质量上有着不错的口碑，变色龙真的可以变色。

　　除了变色龙，LAMTOYS旗下还有蒸汽工厂（Steamarts）、半机械（Half Crush）系列，多劳多得·大叔猫、迷肉&弧蕉、BIG HEART心机BOY、呼格呼格（Hug the K）等IP，努力打造不同风格的潮玩以及多元的品牌联动，酷就对了。

日本

Moe Nakamura

艺术评级： ★ ★ ★ ★ ☆

保值等级： ★ ★ ★ ★ ★

粉丝原力： ★ ★ ★ ★ ☆

潮玩的边界越来越大，各路手作人都可以凭借自己的艺术灵感，开创自己心灵的疆域。

成长于东京都市区的中村萌（Moe Nakamura），钟情涂鸦、木雕、油画。而艺术家玩具似乎与木雕有着异曲同工之妙，很多树脂玩具都可以做出100%相似的木雕感。中村萌的作品展现出与自然融为一体的与世无争，但是在粉丝眼中可能还包含了可爱、美妙、异想、神秘、脆弱、温暖、孤独等意象。形成她独特魅力的是情感投射的想象力和灵魂般的雕刻，天真的小孩与怪异的妖兽相融，既表达了"现实生活中的分身"，也显现出对童话世界的幻想。中村萌的作品有着很好的升值潜力，但在国内市场并不多见。

新加坡

Mighty Jaxx

艺术评级：★ ★ ★ ★ ★

保值等级：★ ★ ★ ☆ ☆

粉丝原力：★ ★ ★ ★ ☆

　　Mighty Jaxx中文名是全能的混音小子，是一家来自新加坡的潮玩收藏品平台，也是专注于创作三维设计艺术收藏品的独立工作室，由设计师欧杰盛于2012年在新加坡创办。

　　曾经在上海的SHCC见过这位年轻的主理人，他以自己的执着将全球很多艺术家的奇怪幻想变成了3D立体实物。纽约艺术家Jason Freeny的"XXRay"超透视解剖学设计，为Mighty Jaxx带来了影响力。Mighty Jaxx还与孩之宝、芝麻街、东映动画、Cartoon Network、Nickelodeon、华纳兄弟、DC Comics等IP进行合作，已经拿过多轮创投，并推出了Mighty Verse基于区块链技术的证书签发平台。有趣、恶搞、暗黑、年轻、未来是Mighty Jaxx的品牌基因，而其在玩具细节雕琢上仍有进步空间。

中国深圳

艺术评级： ★ ★ ★ ☆ ☆

保值等级： ★ ★ ★ ★ ☆

粉丝原力： ★ ★ ★ ★ ★

MTFU最早是一个工作室，曾经也是热门潮玩的粉丝，慢慢推出了属于自己的IP形象，包括多多妹、钱多多、麦可可、Blue。

但是最受欢迎的肯定是多多妹，它的圆圆脸、小眼睛，在一众可爱风的IP中脱颖而出，通过数次限时不限量的预售以及忠实粉丝构成的私域流量渠道，成了一匹黑马。虽然玩具比盲盒大不了多少，但是价格却比较高，尤其是在闲鱼等二手市场，普通款都要过千元，展会款更是超过5000元，至于那些绝版的老款，过万的售价毫不含糊。这也是潮玩市场的玄幻之处，很多时候，艺术、设计、情怀可能都不如可爱以及运营来得重要。

法国

艺术评级：★ ★ ★ ★ ★

保值等级：★ ★ ★ ★ ☆

粉丝原力：★ ★ ★ ☆

　　我曾经在东京涩谷的一个小巷里，偶然看到墙上的Mr. A涂鸦，于是开始狂热关注André。他真的很了不起，因为法国是个易于诞生浪漫与作家的国度，涂鸦文化并非那么受宠，但喜爱日本文化与Hello Kitty的André却以戴着帽子的Mr. A先生角色建立了属于自己的粉红符号体系，进而成为全球潮流界的艺术先锋。

　　Mr. A的形象很容易识别，通常以粉色和蓝色的鬼脸形象出现，圆脑袋、长长的四肢、圈和叉的眼睛，隐身在巴黎、东京、香港等城市角落。Mr. A擅长与各种时尚大牌玩跨界，诸如日本的BAPY、法国的Colette等！

　　因为要对女朋友示爱而创作了"Love Graffiti"，因为受不了其他地方的音乐而在巴黎开设了两间夜店Le Baron与Le Pans paris，因为需要在巴黎找到一个睡觉吃饭的地方，所以又有了Hotel Amour……他也曾应李宁之邀来过北京的798。

　　André曾与玩具品牌MEDICOM TOY合作，近年，与APPortfolio也合作推出了史努比的联名作品，还与同样来自法国的LONGCHAMP合作推出了联名系列。

日本

Michihiro Matsuoka

艺术评级：★ ★ ★ ★ ★

保值等级：★ ★ ★ ★ ☆

粉丝原力：★ ★ ★ ★ ☆

　　道弘松冈（Michihiro Matsuoka）与镰田光司同样是日本艺术家，走的同样是蒸汽朋克风格，同样喜欢以动物为载体，但松冈的作品更显精致，线条感极强，做旧风格明显——表面呈现氧化的金属锈渍涂装，将动物造型和充满曲线美的金属质感外壳相结合，创造出兼具可爱与优雅的机械动物。

　　在十多年前，朋友就迷上了松冈的作品。那时候入手非常困难，除了去日本的WF展之外，就是发邮件去定制，而定制的时间相当漫长，半年甚至一年之久，大概这也是入手原作的喜与悲吧。喜，是艺术家为你认真制作的原型作品；悲，是需要漫长的等待。早在2011年，国内原创玩具"蛋核"的"重机派对"展览中就收录了松冈的定制作品。后来"末那末匠"将松冈的作品带到了中国，不但推出了兔子、金鱼等多款量售版玩具，还在中国举行了原作的展览。iToyz曾经还专门与松冈合作了一款原木造型的金鱼，因为体形不大，所以工艺上难以完美呈现，由此这也是松冈唯一的一款木质金鱼。

　　松冈的作品，除了以锈渍与风化感象征着时间与岁月的流逝，还有着强烈的立体主义。近几年更是运用了鲜艳的烤漆涂装，呈现出过去与未来的强烈对比，在时过境迁中提醒大家希望永存。

中国北京

Polyphony

艺术评级：★ ★ ★ ★ ☆

保值等级：★ ★ ★ ★ ☆

粉丝原力：★ ★ ☆ ☆ ☆

品牌名称取自音乐术语"复调（Polyphony）"。 主理人Mr. Bean是个有情怀的年轻人，最早在三里屯打造了一个奇幻的动漫与音乐相融合的空间，慢慢地将玩具融入其中，试图把音乐、漫画、动画、电影、当代艺术结合起来。

Polyphony首次将美国小众玩具品牌DKE TOYS引入国内。DKE TOYS成立于1999年，策划发行一些小众艺术家的手作艺术作品。同样引入的还有小众流行的Super7，其中"ReAction Figures"系列3.75英寸的挂卡可动人偶被一些资深玩家疯狂追捧。毕竟，这个世界需要很多种不同的玩具存在，Super7坚持自己的美学，"没有人可以创造出我们想要的怪兽、漫画书、朋克音乐、科幻小说、滑板、机器人，所以我们自己来"！

在Polyphony代理的玩具品牌中，还包括成立于2002年的KIDROBOT，这也是曾经让粉丝疯狂的平台玩具，甚至是美国潮流玩具的先驱。KIDROBOT设计的DUNNY、MUNNY以及由创意总监Frank Kozik设计的Labbit，代表着曾经的光荣岁月。DUNNY因为创始人的离开以及玩具品质的下降，似乎已经不再那么流行，但是曾经的荣光永远无法磨灭。

中国香港

Prodip Leung

艺术评级：★★★★☆

保值等级：★★★★☆

粉丝原力：★★★★☆

梁伟庭（Prodip Leung），香港知名乐队的成员，也是一位特别的设计师与插画家。他对UFO与外星人的神秘主义有着强烈的兴趣，近年创立了"块根与多肉植物（Plants of Gods）"潮流单位。

他在香港的个人展"Cult From Space"以古代文明的传说和神话为灵感。从最早与HOW2WORK合作"Plants of Gods Terrarium"开始，他推出了一系列的潮玩，包括"Zack""Reiki Starchild"等，受到一众粉丝的追捧。早在2014年，还与HOW2WORK 推出一款"Plants of Gods"雕塑公仔，以印度的湿婆神为原型，使用人造石材和玻璃，打造了这尊全黑的六手天神。玻璃骷髅托在中间，顶部还能放小盆栽。其后，块根文化慢慢成为当下年轻人的流行。

HOW2WORK还为它推出了金属材质的香炉等神作，发售价2万元以上。

中国香港

艺术评级：★ ★ ★ ★ ☆

保值等级：★ ★ ★ ★ ☆

粉丝原力：★ ★ ☆ ☆ ☆

香港玩具公司TOY2R，全称"Toy to Raymond"。TOY2R创始人是蔡汉成（Raymond Choy），是艺术家玩具的积极推动者，也是经典的平台玩具TOYER和QEE的"爸爸"。

QEE与BE@RBRICK差不多同期出道，是全球著名的平台玩具，有Monkey、Dog、Bear、Cat及骷髅头TOYER等不同造型的2.5寸、8寸QEE，都附有可拆式钥匙圈，只要把钥匙圈拆下便可当作摆设——TOY2R已把此项创意申请了专利。

TOY2R很早就进入内地市场发展，也是第一波将潮玩概念带入内地的品牌。QEE在欧美也有很多粉丝，曾经与很多著名艺术家及IP合作，也和一些知名的海内外设计师、潮流品牌或商铺合作限定的exclusive版的QEE。iToyz亦曾数度与之合作，推出特别的剪纸熊及透明骨骼版本。早年QEE经常在世界各地举办展览，跨越了不同的国界，让世界各地的创作者都有机会展示自己的设计，推动了设计师玩具的潮流，非常值得尊敬。当下，QEE更多关注于IP授权。

美国

Rat Fink

艺术评级：★ ★ ★ ★ ★

保值等级：★ ★ ★ ★ ☆

粉丝原力：★ ★ ★ ★ ☆

2007年初，我带了一个搞怪的"米奇老爸"去重庆。这只名叫Rat Fink的BT老鼠抓着扳手，做着怪手势，还伸出长舌头，在重庆解放碑前做鬼脸！

Rat Fink没有泽田圭的老鼠那般可爱，是一只长得非常丑陋的家伙。但别看它长得丑，其实是一个有内涵的家伙，潮流感十足，会玩滑板，会开车，当然还会傻笑！这只老鼠其实大有来历，仔细看它脚底，居然是一个轮胎。

说起来它的诞生也与汽车有关，我查了很多资料才找到它的来历。早在1961年的圣诞节，一向爱搞怪的改装车发烧友及设计师ED Roth觉得米奇老鼠应该有个变态的爸爸，跟米奇一样喜欢飙车，于是便设计出这个恶相又搞怪的Rat Fink。这么多年下来，Rat Fink出了很多产品，但每个都很贵，绝不是人人都玩得起的玩具，在纽约、东京等地都有很多超级粉丝。即使过了很多年，Rat Fink依然兼具Vintage与先锋的魔力。

日本

Sync

艺术评级：★ ★ ★ ★ ★

保值等级：★ ★ ★ ★ ☆

粉丝原力：★ ★ ★ ★ ☆

　　准确来说，Sync只是日本著名玩具生产商MEDICOM TOY旗下的一个支线：Sync.by Medicom Toy。我们可以将它视作MEDICOM TOY新的疆域，或者是对未来的一个尝试，毕竟BE@RBRICK已经成为一个固定挣钱的项目，几经沉浮已经走到巅峰，未来难以言说。但是偏向于艺术与生活的Sync更有想象力，是艺术家与商业产品之间一个有效的连接。早期刚推出D*Face贝多芬等艺术家雕塑的时候并没有引起特别的轰动，随着后期班克西"女孩与气球"的推出，终于有了王者之气。

　　坦白说，我对Sync支线的热爱远远超过BE@RBRICK，一个是波普式不断复制的流行，一个是街头艺术的重塑。孰轻孰重，自己判断。

美国

Steven Harrington

艺术评级：★★★★☆

保值等级：★★★★☆

粉丝原力：★★★☆☆

　　因为中国潮流市场的崛起，全球知名的或者不知名的艺术家，可能是通过二手市场上的黄牛作品，也可能是通过与国内商业品牌的联名，几乎都会在中国出现。但是由于运营能力的差异，艺术家的中外影响力迥异，有些艺术家可能只是在中国厉害，有些艺术家在国外很厉害，在国内就一般。史蒂文·哈林顿（Steven Harrington）应该属于后者。有一年在上海潮流玩具展（STS），他带着作品来到了上海，现场人并不多，大家都排队去买盲盒了，而他同期在美国的展览却相当热闹。差不多同一时期，史蒂文·哈林顿与AAPE推出公仔，在国内的销售也非常一般。其后又陆续与李宁合作了"东游记"，一个卡通人物从加州来到了中国，大概这也是史蒂文·哈林顿的心灵之旅，其知名度开始逐渐升温。

　　来自洛杉矶的史蒂芬·哈林顿，受到二十世纪六七十年代迷幻艺术风格、加州神秘主义以及多样性的自然和城市景观的影响，以俏皮、迷幻、玩味的图像来表达思考，让他成了"迷幻流行（Psychedelic-Pop）"美学的代表。他的作品风格相当明显，代表加州迷幻流行精神的"棕榈树"是他的作品图腾之一。除了绘画之外，他的作品还包括大型装置、滑板、雕塑、图书等。

中国香港

Soap Studio

艺术评级：★★★★☆
保值等级：★★★★☆
粉丝原力：★★★★☆

　　肥皂游（Soap Studio），名字源自"SOAP（肥皂）"这个词。肥皂是千变万化的，是一种代表无限可能、无限想象力的媒介，同时有着能激发大人、孩子童心与正能量的神奇魔力。这也是Soap Studio理念的源起。

　　Soap Studio希望借助创意的力量，成为一家潮玩梦工厂。2014年在中国香港成立，产品系列主要集中在收藏型玩具与极具标志性、造型突出的精品上。树脂雕像、PVC人偶、毛绒可动人偶、水晶球、盲盒、文具、扩香石等，以及集科技和玩具于一体的1∶12智慧遥控蝙蝠车、与不同艺术家合作的艺术作品系列、以布料制成的1∶12可动人偶系列、影视动漫授权系列均是Soap Studio所涉猎的产品范畴。合作的品牌包括迪士尼、华纳、Aniplex、Pixar、21st Century Fox、孩之宝、手塚治虫等。

　　但真正让Soap Studio出圈的产品是猫和老鼠系列作品——穿着熊熊毛绒外套的汤姆和可爱的杰瑞。Soap Studio的猫和老鼠立体化后仍旧保持着有趣的幽默感，大概这就是它的成功之道。

中国北京

Skullpanda

艺术评级：★ ★ ★ ★ ☆
保值等级：★ ★ ★ ★ ☆
粉丝原力：★ ★ ★ ★ ★

Skullpanda是泡泡玛特旗下又一个头部IP，与常规盲盒主打的可爱风不一样——Skullpanda可能是一种成功的探索——它主打的是个性气质，有点儿哥特，也有点儿邪恶，却意外地成了当红炸子鸡。这说明玩家对于可爱风格泛滥的盲盒一直有着更加个性的渴求。

设计师熊喵有着与Skullpanda一样酷的外形。Skullpanda的形象设定是一个可以在宇宙中自由穿梭的个性女孩：它有宇航员的头盔，球形的辫子，追求更大胆、更果断、更自由的生活，没有束缚也没有纠结。Skullpanda的销售业绩非常厉害，2019年签约泡泡玛特，在2020年9月16日"Skullpanda密林古堡系列"首发276000个，当日售罄，之后不到3个月便贡献近4000万元的营收，打破了泡泡玛特所有系列的最快动销纪录。2021年初，"Skullpanda"热潮系列正式发售，当天上午全渠道60000套全部售罄。

人生如戏，戏如人生，Skullpanda的潮玩之路刚刚开启，未来可期。

潮

玩

私

想

492

中国广州

艺术评级： ★★★★☆

保值等级： ★★★★☆

粉丝原力： ★★★★☆

　　认识SONKI主理人Inmanyi有很长时间了，我的第二本书《BEST TOY 玩偶私藏》还收录了他画的一张插图，后来还一度成为iToyz新空间的门头作品。

　　Inmanyi喜欢画画，也喜欢玩具，因为双重热爱，他的画笔简单、活泼、可爱，又有一些抹不掉的卡通感。他设计的玩具也有自己的风格，无论是看SONKI的脸形还是五官，都可以一眼识别。这个来自雪云国的小·A·（雪云兔），也是有背景形象的："云朵就是我们制造的，所以下雨、下雪、打雷、闪电这些都是雪云精灵们的日常工作。有一天，我在云朵上听到美妙的歌声，凑近一看，原来是人类和一个'机器'在唱歌，于是我就跟着它来到了地球，后来才发现，原来你们除了音乐，还有很多好玩有趣的东西！所以我决定要在地球上旅行一段时间。"

　　Inmanyi创作的IP还包括2question（问号小朋友）、Flash cat，虽然另外两个角色是问号与猫，但是脸上的五官及表情依然延续了SONKI的风格，基本上可以一眼识别。

日本

Sonny Angel

艺术评级： ★ ★ ★ ☆ ☆
保值等级： ★ ★ ★ ★ ☆
粉丝原力： ★ ★ ★ ☆ ☆

　　作为动漫之都，在日本是没有所谓艺术家玩具一说的。日本年轻人当中很流行 Character Goods，即所谓的造型商品，像Hello Kitty这种，不过后来人气暴涨的Character Goods走的却是可爱路线的Sonny Angel!

　　自从我在东京打折店里买到这个大眼睛、光屁股造型的丘比特天使之后，便陷入了 Sonny Angel的可爱埋伏之中。由日本创作单位DREAMS设计的超可爱的Sonny Angel迷你BB，现在依然非常走红，无论是迷你玩具，还是稍大款的沙律罐造型，都有一众玩家追捧。经典的动物系列（Sonny Angel Mini Figure）共有八种造型——兔子、青蛙、猴子、老虎、大象、公鸡、无尾熊与熊猫。这些手指大小的迷你Sonny Angel以头戴八种动物造型帽出现。

　　Sonny Angel赋予了中国潮玩另一重意义：早年泡泡玛特还是一间集合店的时候，因为创始人王宁发现年度最热卖产品居然是一个小小的玩具盲盒——Sonny Angel，由此开始了泡泡玛特转型之旅，并在短短几年时间成为王者。

日本

Takeru Amano

艺术评级： ★★★★☆
保值等级： ★★★★★
粉丝原力： ★★★★☆

　　天野健（Takeru Amano）这两年经常出现在潮玩玩家的视野中，不是因为他有个超级厉害的老爸——日本著名插画家天野喜孝（Yoshitaka Amano），而是天野健本身的作品吸引力。

　　因为从小就被送到纽约学习雕刻、版画，之后又回到东京定居，所以天野健建立了自己东西融合的风格。他画了很多美丽的女孩，简单的线条，非常古典，画面中又有当下流行文化的元素。有人说从他的作品中可以看到Keith Haring的风格，也可以看到米开朗琪罗的风格，但更多的是天野健自己的视角与调性。极简、美丽是解读天野健作品的密码，在天野健的作品中可以看到线条、性感、温暖、色调，却少了很多艺术家喜欢容纳的复杂社会性。

　　有时候，天野健也会运用亚当、夏娃、维纳斯等经典IP，进行扁平化处理，最终维纳斯成为天野健最具代表性的符号。2020年，天野健的第一本书*Icons*出版了，从此他似乎坐上了直升机，事业快速飞升，并与APPortfolio合作推出公仔、扩香石、地毯、镜子、霓虹灯……并在北京等地举行了个展，作品在拍卖会的成交价是估价的三倍以上。

美国

Tokidoki

艺术评级：★★★★☆

保值等级：★★★★☆

粉丝原力：★★★★☆

淘奇多奇（Tokidoki）曾经是时尚界最为火爆的名字之一。这个源于日本文化灵感的潮流品牌，于2007年由意大利艺术家西蒙·来诺（Simone Legno）与他的伙伴Pooneh Mohajer、Ivan Amold一同创建。Tokidoki生产一系列潮流服饰、配饰及潮流玩具等，象征一个可爱、快乐且纯真的世界，是想象力的宇宙，也是梦想的殖民地。

Tokidoki的作品十分可爱，有着日式的传统、性感与夸张，他将之称为东西合璧的可爱风格。与Strangeco合作发行的"Cactus Friends"是Tokidoki进入设计师玩具界的第一个系列作品，有Sandy、Sabochan与Bastardino三个角色。而与LeSportsac及TOY2R的合作，更将他的知名度推上了巅峰。他还曾在米兰开设Tokidoki专门店。

Tokidoki的作品虽然没有太多变化，但是这几年在中国却赢来了他的艺术第二春——他设计的独角兽盲盒，一度成为玩家的热爱。

我曾经采访过Simone Legno，还曾作为嘉宾与他一起参加K11的活动，他说："作为一个玩具设计师，可以真实地触碰到自己设计的玩具是很美好的感觉。"他还尝试在包装上简单地介绍玩具的背景，然后让人们去想象玩具之于他们的意义。

日本

艺术评级：★ ★ ★ ★ ☆

保值等级：★ ★ ☆ ☆ ☆

粉丝原力：★ ★ ★ ★ ☆

　　尽管我对Touma设计成暴龙一般的玩具形象不是特别钟情，但并不妨碍他成为潮玩元年时代当红的插画家及角色设计师。

　　Touma早期在SEGA担任角色设计师，曾主导知名游戏"音速小子"的角色设定。Touma现在专注于个人角色及玩具设计，曾与Spanky、TOY2R等玩具公司合作推出了许多著名的系列玩具，代表作有暴力熊（Knuckle Bear）。Touma还是NY Society of Illustrators的会员。

Touma也是日本最早涉足潮玩领域的艺术家之一。早在2001年，他就创立了独立工作室ToumaArt，推出了很多超赞的作品，除了经典角色包括Knuckle Bear之外，还有Mao Cat、GooN、Skuttle、Squeezel等，其中Knuckle Bear暴力熊让他在潮玩圈赢得地位，也形成了他独特的风格——"像锯齿一样的大嘴""很长的方体骨节、很大的手"；Skuttle乌龟则将Sofubi工艺玩出新高度，各种工艺轮番上阵——透明胶、夜光胶、亮粉胶……

Touma与"豆腐人"公仔一样，曾经非常红，现在应该说是处在一个瓶颈期。曾经在北京潮流玩具展（BTS）的现场，我找Touma要了一个签名，留作我对潮玩元年时代的一份美好回忆。

中国广州

TIN TOWN

艺术评级：★ ★ ★ ★ ☆

保值等级：★ ★ ★ ☆

粉丝原力：★ ★ ★ ☆

2016年12月，罗伯特（Robert）作为TIN TOWN的第一个实物化的潮流玩具，iToyz也是首发店之一。有些透明、有些机械、有些复古，还有一些幽默的罗伯特，给玩家带来一种全新的视觉与把玩体验。

TIN TOWN（铁皮镇）成立于2008年，致力于创造各种新奇好玩的产品，用怀旧复古与现代流行相结合的风格，设计了一系列独特的机器人角色，并赋予角色自己的性格与故事线，逐渐形成TIN TOWN的世界观。本质上类似日本的明和电机，区别是功能性上的缺失。

TIN TOWN的品牌主理人是C9与M.T Law。在铁皮镇的角色里，有正派与反派之分，主要的正派角色罗伯特是铁皮镇邮局快递专员，跟宠物狗旺财住在铁皮镇郊外的一个小区里，下班后就捣鼓他的小发明。除了在邮局上班，罗伯特还会打零工，赚钱购买制造奇怪机器用的零件。

罗伯特的设计，起源于传统的圣诞老人，融合了复古机器风格与简约的潮流造型。产品外壳采用透明材质，内部配上精致的骨架，让视觉上富有多种层次。通过拆装外壳和骨架，罗伯特还能拼成两个独立的机器人，买一得二，还可以将不同颜色的罗伯特拼装成独特个性的版本。

日本

Yoshitomo Nara

艺术评级：★ ★ ★ ★ ★

保值等级：★ ★ ★ ★ ★

粉丝原力：★ ★ ★ ★ ★

　　我的办公室里有一幅画摆了很久。画中一个大头、大眼睛的小女孩，她的眼神游离在童真之外，有一种莫名的愤怒。

　　这个永远长不大的"愤怒娃娃"是日本艺术家奈良美智最受人喜欢的漫画主角。她的造型总是很夸张，神情中又夹杂几分忧虑，例如她闭眼坐在餐桌前，手上抓着一把锋利的小刀，穿得像小猴子一般坐在椅子上，走路撞上树，头上长角、背上长翅在云朵上行走……

　　也许与奈良美智在德国待了12年有关，他的漫画脱胎于日本传统漫画，又经过了欧洲游历文化的洗练，尽管眸子里没有多少纯真，却代表了儿童对成人世界的恐惧，包括迷失、未知、成年、爱情、伤害、无家可归……所以，这种卡通画面恰恰暗合了时下不愿长大的一代。日本女作家吉本芭娜娜形容奈良美智的画："那个躲在你内心已久的怪眼小孩也会悄悄地在角落露出脸来。"

　　奈良美智的玩具并不多见，几乎都是与香港HOW2WORK合作，限量生产300只左右，每一只都很难入手且有非常好的增值空间。HOW2WORK甚至专门为此制定了严苛的发售规则，首代的植绒10寸"Sleepless Night Sitting（不眠夜娃娃）"，现在拍卖价格最高达到60万——当然，相对比奈良美智的画作，这又是非常便宜的入门级收藏。

　　奈良美智总是一个人在创作，这与村上隆率领几百人团队是完全不同的。但是他们都在为推广日本艺术而努力。2022年，奈良美智在上海余德耀美术馆举行了超大展览，对于中国的玩家来说，这是一次难得的膜拜机会。

日本

Yuichi Hirako

艺术评级：★★★★★

保值等级：★★★★☆

粉丝原力：★★★☆☆

　　曾经在厦门的一个画廊，见到平子雄一（Yuichi Hirako）作品——森林里，鲜花盛放，阳光洒落下来，一个半人半树的生命体，在绿野里生长。看上去像是田园画，实则更像是飘散着土地芬芳的诗歌。

　　平子雄一1982年出生于日本冈山县，毕业于英国温布尔登艺术学院，主修绘画，现生活在日本东京。平子雄一的作品有些复杂——植物被拟人化，或者说他的画面里是有着植物头的人类以及宠物。万物皆有灵，平子雄一延续了日本的文化，把人类与植物放在相同的语境，甚至合二为一，表达人类与植物之间看似和谐却有着明确的界限感。

　　继东京个展"GIFT"之后，他在上海的首次个展名为"Daphne（沈丁花）"，表达了平子雄一对事物表象的观察，从而衍生出更多值得思考的话题，例如永恒。平子雄一的画作有着浓郁的舞台感，画面看上去有些模糊、含混，拟人化的植物生活在森林里，场景里会出现人类的家居装饰，甚至是汽车，但却杂而不乱。在罗芙奥2021春季拍卖中，平子雄一的《无题》以黑马之姿——高出预估价4倍的180万台币成交，刷新了个人纪录，相信平子雄一今后会走得更远。所以，如果你现在有收藏他与APPortfolio之前合作推出的公仔，应该珍惜，未来可期。而且，如果你拆开过，就会发现其材质不是胶，而是手工感很强的陶瓷。

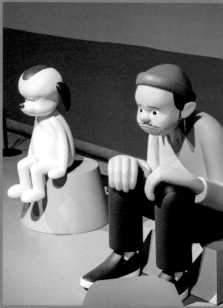

日本

Yusuke Hanai

艺术评级：★★★★☆

保值等级：★★★★☆

粉丝原力：★★★☆☆

连续几期在日本杂志*BRUTUS*的封面上看到花井祐介（Yusuke Hanai）的作品。他是一个略显猥琐的中年男人，坦白说给人的第一眼印象并不是特别好，但看久了似乎也还好。

花井祐介受到了另一个潮玩品牌AllRightsReserved的热捧，第一个大型巡回展"FACING THE CURRENT（迎浪当下）"在香港拉开序幕，后又联合上海宝龙美术馆移师上海，共展出12幅从未公开展示过的亚克力帆布新画作及3件立体雕塑作品，展品数量是艺术家历年海外展览之冠——毫无疑问，中国已经是当下潮流艺术最重要的市场，所有成名的或新生代艺术家几乎都会来中国完成他的商业梦想。

花井祐介曾居住在旧金山，受美国"我就是西海岸"街头文化的影响，融合了当地的艺术家、披头族、嬉皮士、冲浪者等诸多非主流文化族群的元素，形成了属于他自己的混搭怀旧风格，展示出愤世、潦倒却不忘思考人生的哲学态度，引发观者的思考，即面对困境，是低下头来做时间的玫瑰，还是顽强抵抗。绘画艺术、雕塑作品其实与诗歌一样，都在表达创作者隐含的情绪。

中国广州

艺术评级：★ ★ ★ ★ ★

保值等级：★ ★ ★ ★ ☆

粉丝原力：★ ★ ★ ☆ ☆

　　Zigger，一个致力于IP经营授权、衍生品创作的潮玩品牌，与世界各地知名艺术文化机构合作，致力于传播顶级潮流艺术和街头文化，将不同形式的艺术打造成极具价值的潮流收藏品。

　　Zigger是英国艺术品牌BRANDALISED的亚洲区官方合作伙伴，将英国街头涂鸦文化由伦敦带到亚洲，将艺术融入生活，把不同形式的涂鸦艺术风格与品牌完美结合。成功案例包括A Bathing Ape、EVISU、MEDICOM TOY、KAPPA……

　　Zigger的成立时间虽然很短，但是定位高端，瞄准了艺术玩具，玩偶的质量把控也非常到位，在藏家心中颇具分量，加之目前推出的几款玩具都是联合BRANDALISED推出以世界级街头艺术家班克西的经典涂鸦作品为原型打造的艺术品，包括"女孩与气球""深潜者""空袭少年"。

后记

最近几年，由于母亲与父亲的先后离世，我的生命中少了最温暖的依靠，令我无限伤感。一段时间内，我无所适从。

后来想明白了一件事：无论世事多么无常，生命中的每一天都值得我们为自己喜欢的事情拼尽全力。认真生活，认真写作，认真地把自己拥有的"玩具"能量传递给身边的朋友。

这本书的诞生，离不开策划人于轶群老师的催稿，离不开编辑杨静老师对书稿文本的严格校正，离不开杨毅老师的巧思设计，由于他本人也很喜欢潮玩手办，甚至还读过我的旧作《玩偶私囊》，所以在装帧设计及排版上完美契合了我的理念，一如他说："这本书就是艺术品的一种衍生。"

这本书从策划到编辑成书，经时两年多。肆虐的疫情打乱了每个人的日常生活，对潮玩行业也影响颇大，线上与线下的销售、市场与展览活动、新品与爆品都经历了不同程度的惨淡，唯一值得庆幸的是之前很多被炒至天价的潮玩，其价格回归了正常，让更多忠实拥趸获得了平价入手的机会……

不知是缘份还是天意，我的第一本书《喜怒哀乐话潮流》问世于1995年，尽管内容探讨的是时事与文化，却被冠上了潮流的名头，其后出版的几本书亦都与真正的潮流文化有关。而《潮玩私想》的出版，似乎有一种承上启下的意味，既有我对过往潮玩爆火的总结，也有我对未来潮玩甚至艺术市场的一份期许。希望借《潮玩私想》的绵薄之力，能够点燃更多读者的激情，从业界大佬到玩家粉丝，引领潮玩从小众蓝海破圈成为大众的波普式流行。与此同时，期待中国本土潮玩早日融入全球化的艺术版图。

总有一天，潮玩不再只是一种时髦的"潮流"，而成为我们日常生活中的温暖陪伴。

是为后记。